냄새의 쓸모

WIR RIECHEN BESSER, ALS WIR DENKEN

냄새의 쓸모

일상에서 뇌과학까지

초판 1쇄 인쇄일 2024년 9월 10일   초판 1쇄 발행일 2024년 9월 20일

지은이 요하네스 프라스넬리 | 옮긴이 이미옥
펴낸이 박재환 | 편집 유은재 신기원 | 마케팅 박용민 | 관리 조영란
펴낸곳 에코리브르 | 주소 서울시 마포구 동교로15길 34 3층(04003) | 전화 702-2530 | 팩스 702-2532
이메일 ecolivres@hanmail.net | 블로그 http://blog.naver.com/ecolivres | 인스타그램 @ecolivres_official
출판등록 2001년 5월 7일 제201-10-2147호
종이 세종페이퍼 | 인쇄·제본 상지사 P&B

ISBN 978-89-6263-286-6 03470

책값은 뒤표지에 있습니다.   잘못된 책은 구입한 곳에서 바꿔드립니다.

냄새의 쓸모

요하네스 프라스넬리 지음 | 이미옥 옮김

일상에서 뇌과학까지

에코리브르

부모님께 바칩니다.

차례

실습에서 이론으로

내가 후각을 연구한 이유

이 장에서 알아볼 내용

냄새는 어떻게 어린 시절부터 나와 함께했나.

나는 어쩌다 와인을 통해 후각 연구를 하게 되었나.

냄새는 어떻게 나를 더 넓은 세계로 이끌었나.

어린 시절의 향기

아주 어려서부터 나는 향기로 가득 채워졌다. 이탈리아 남(南)티롤 지방의 메라노라는 곳에서 자란 나는 매달 특별한 향기를 맡을 수 있었다. 그달을 대표하는 아주 강력한 '주도적 향기'라고 해도 되겠다. 1월이면 회색 하늘과 하얀 산들과 함께 눈의 냄새가 났다. 2월이면 벌써 봄이 시작되고 잎사귀도 나기 전에 피는 매화에서 꽃향기가 났다. 사육제 기간(사순절 직전 3~7일—옮긴이)에는 이때 먹는 간식인 크라펜(Krapfen: 안에 과일 잼이나 고기와 채소를 넣고 튀긴 독일·오스트리아식 도넛—옮긴이)에서 살구잼 냄새가 났고, 슈바이처크라허(Schweizerkracher)라는 상표의 폭죽에서 풍기는 황(黃) 냄새가 났다. 단식 기간인 사순절에는 금요일에 구운 생선 냄새가 났고, 3월에는 벗나무와 살구나무 꽃이 활짝 피면서 온 사방으로 향을 뿜어냈다. 4월이 되어 아디제강 계곡에 가득한 사과농장에서 꽃이 동시에 피고, 사과나무의 고급스러운 향기가 도처에 퍼져나가면, 그야말로 향기 폭탄이 터진 듯한 효과를 냈다. 부활절이 되면 향을 피우는 냄새도 났지만, 아스파라거스와 햄, 서양고추냉이, 그리고 딸기 냄새도 났다. 5월이면 아이스크림 가게가 문을 열었고 장미가 피기 시작하며, 사과 과수원에서는 농약을 뿌렸다. 6월이면 체리 냄새와 풀을 베고 난 뒤 풀 냄새가 났으며, 7월에는 선크림과 염소(Cl), 여름날의 악천후, 그리고 생크림 아이스크림 향이 점점 더 강하게 났다. 8월에는 산에서 여름의 신선한 향을 맡았고, 가문비나무 잎, 월귤나무 수풀, 만병초, 쇠똥과 송진, 모기약 냄새도 났다. 9월에는 사과, 포도, 호두, 그리고 트랙터에서 나오는 디젤 배기가스 냄새를 맡을 수 있었다. 10월에는 군밤 향기, 캠프파이어, 새 와인, 소시지, 소금에 절여 발효시킨 양배추인 사우어크라우트와 무화과 향이 났다. 11월에는 곰팡이 핀 잎사귀들과 축축한 습기가 코를 찡긋하게 만들었고, 12월에는 바닐라, 계피,

정향과 뱅쇼(레드와인에 여러 가지 과일과 향료를 넣어 따뜻하게 데운 와인—옮긴이) 향이 양초 냄새와 섞여 내 코 안으로 올라왔다.

장소 역시 특정한 냄새를 갖고 있다. 우리 부모님 집에서는 매일 오후와 저녁에 음식 냄새가 났다. 할머니 집에서는 색소나 향을 섞지 않은 순수한 비누 냄새가 났고, 학교에서는 책과 청소 세제 냄새, 교회는 향료 냄새, 차고에서는 휘발유와 고무 냄새, 축구장에서는 풀 냄새가 났다. 나와 형제들이 자주 방문했던 병원에서는 소독약 냄새가 코를 찔렀고, 치과에서는 공기 속에 정향 냄새가 은근히 났다. 이웃에 사는 나이 든 할머니 집 거실에는 '쾰른의 물'[프랑스어 상품명 오드콜로뉴(Eau de Cologne)로 널리 알려진 독일제 방향용 향수—옮긴이] 향이 둥둥 떠다녔고, 고모네 집에는 과일차와 비스킷 냄새가 났다. 스케이트장에는 담배, 뱅쇼와 핫도그 냄새가 났고, 기차역에는 철길 냄새가 났다.

사람들도 독특한 냄새를 갖고 있다. 나의 또 다른 할머니에게서는 핸드크림과 장미 냄새가 났고, 어머니의 여자 친구에게서는 입생로랑의 '파리' 냄새가 났다. 농부들은 노동의 냄새가 났고 언제부터인가 학교 친구들에게서 땀 냄새가 흘러나오기 시작했다. 나는 아버지가 집에 오면 알 수 있었는데, 조르조 아르마니의 애프터쉐이브(Aftershave) 화장수 냄새가 났던 까닭이다. 일요일이면 어른들에게서 와인 냄새가 났다. 할아버지가 담배에 불을 붙일 때 맨 처음 담배와 성냥이 섞여서 뿜어져 나오는 냄새를 좋아했다. 이 최초의 향은 매력적이었지만, 그 이후에 피우는 담배에선 역한 냄새가 났다. 피아

노 선생님에게서는 양파 냄새와 늙은 남자에게서 나는 교회 관리인 같은 냄새가 났다.

나는 이런 환경에서 자랐고, 항상 냄새가 있었다. 이런 냄새가 단지 배경이나 밑바탕에 그치지 않고, 실제로 감각적 인상을 남긴다는 사실을 나는 대체로 인식하지 못했다. 하지만 냄새는 곧잘 전면에 등장해 강렬한 존재감을 드러냈다.

기억으로 가득한

내가 다섯 살 때, 남동생에게 사고가 났다. 남동생은 발코니에서 떨어져 집 앞 콘크리트 바닥으로 떨어졌다. 이로 인해 남동생은 두개골과 골반, 팔에 골절상을 입었다. 나는 남동생이 발코니에서 떨어지던 모습을 아직도 기억한다. 남동생이 입은 녹색 바지가 발코니 난간을 넘어서 사라지는 모습을 아직도 생생하게 그려볼 수 있다. 그리고 남동생이 떨어지는 모습을 목격했던 이웃집 여자가 지르는 고함소리도 들었던 것 같다. 남동생은 즉각 메라노 병원으로 실려갔고 이곳에서 응급상황이라 판단해 다시 베로나에 있는 병원의 신경외과로 옮겨졌다. 남동생은 이 병원에 입원한 첫 주 동안 삶과 죽음 사이를 오갔고 나의 부모님은 번갈아가며 병원에 갔다. 이 기간에 나는 스위스 리타우에 사는 조부모님 집에 머물렀다. 이렇듯 심각한 시기에 우리 가족 모두가 얼마나 힘들어했는지 상상할 수 있으리라

믿는다. 비록 나는 당시에 어렸기에 상황을 제대로 이해하지 못했지만, 어른들의 긴장감을 알아차릴 수는 있었다.

나의 조부모님은 당시 커피 로스팅 가게를 하고 있었다. 이들은 아침 6시에 일을 시작했고 그래서 나를 조금 더 자도록 내버려두었다. 나는 매일 아침 일어나 부엌으로 갔는데, 그곳에서 할머니는 나를 위해 크루아상이나 둥근 빵인 베글리(Weggli), 그리고 우유를 내주곤 했다. 나는 아침을 먹고 나면 혼자 커피를 볶는 곳으로 갔다. 장난감도 몇 개 있었지만, 기계에 더 관심이 있었다. 커피를 볶는 곳에는 커피 생두가 가득 담긴 자루를 내려놓는 지게차들이 있었다. 당시에 나는 글자도 약간 읽을 수 있었고 '카페 도 브라질(Café do Brasil)'의 뜻도 대략 짐작했다. 자루에서는 커피 냄새가 전혀 나지 않았고 오히려 황마 냄새가 났다. 이 창고는 커피 로스팅 가게에서 커피향이 나지 않는 유일한 장소였다. 자루들을 로스팅 장소로 옮기고 커다란 로스터 통에 커피콩을 부으면 로스팅이 시작되었다. 통이 돌아가자 너무 시끄럽고 뜨거웠으며, 이 일을 담당하는 직원은 끊임없이 휘파람을 불었다.

이러한 감각적 인상은 향과 전혀 반대되는 게 아니었다. 금방 볶은 커피 냄새는 공간 안을 압도했을 뿐 아니라 아름다웠다. 어른들은 내가 이곳에 머물면 좋아하지 않았는데, 약간 위험하긴 했다. 하지만 내가 가도 될 때면 언제든 그곳으로 가보았다. 조부모님은 창고 옆에서 일했다. 할아버지는 볶은 원두를 포장하는 커다란 기계를 다루었고, 포장된 커피는 상자에 차곡차곡 쌓았다. 외할머니는 대형 커피 분쇄기를 다루었는데 또 다른 기계를 이용해 커피 가루를 진공 포장했다. 나는 이렇듯 놀랍고도, 복잡하고, 대단한 커피 향을 맡았다. 나는 6주 동안 조부모님 집에서 지냈고 그사이 일하지도 않았지만 공장장님한테 '임금'이라며 15프랑과 막대 모양 초콜릿 바 2개를 받을 수 있었다. 나는 머리에 붕대를 둘둘 감은 남동생과 사고 이후 처음으로 만났던 기억도 여전히 간직하고 있다. 당시에는 마치 기적이 일어난 것 같았지만, 남동생은 이런 기적을 온전히 향유했다.

사고 이야기는 이제 일화에 불과한데, 친가와 외가 조부모님 모두 이제 안 계신다. 하지만 나는 그때부터 커피, 특히 커피 향과 아주 긴밀한 관계를 맺었다. 나는 커피숍, 로스팅 가게, 커피 분쇄기를 마주할 때마다 스위스의 커피 로스팅 가게와 조부모님, 그리고 막대 모양 초콜릿과 내 남동생을 떠올린다. 커피 향은 나보다 더 힘이 세다는 느낌이 든다. 그 인상은 너무나 강렬하고, 커피가 불러일으키는 연상 작용도 너무나 강력하다. 다섯 살 때부터 커피 향과 맺은 이런 관계는 거의 40년이나 지났어도 여전히 변하지 않았다.

많은 세월이 흐른 뒤에야 비로소 나만 특정 냄새로 사건을 연상하는 사람이 아님을 알게 되었다. 이런 현상에 관해 서술한 책은 셀 수 없이 많지만, 가장 유명한 책은 바로 마르셀 프루스트의 《잃어버린 시간을 찾아서》이다. 7권으로 구성된 이 소설에서 작가는 차에 찍어 먹는 마들렌의 향이 어린 시절의 기억을 어떻게 불러오는지 서술한다. 무려 4000쪽 넘는 책에서 내내 그렇다. 그래서 냄새를 인지한 뒤에 강력하고도 감정적인 기억을 불러오는 현상을 '프루스트 효과'라 부른다. 이로부터 알게 된 사실은 후각도 기억·학습·감정을 주관하는 뇌의 대뇌변연계 영역에서 작용한다는 것이다.

음식에 관해서라면 나는 어릴 때 몹시 까다로웠다. 특히 녹색 음식을 보면 구토를 느꼈고, 고기가 나의 채소였다. 녹색 샐러드는 좋아했지만, 그 밖의 모든 것(시금치, 브로콜리, 아스파라거스, 빨간 비트, 그린빈, 꽃양배추, 루바브, 오그랑양배추 등등)은 내 입맛을 사라지게 만들었다. 맛조차 보기 싫었다. 어머니가 맛이라도 한 번 보라고 했지만, 한 입도 대지 않았다. 나는 일주일에 한 번 수요일에 친할머니 집에서 밥을 먹고는 했다. 어느 날 친할머니는, 내가 어떤 채소라도 좋으니 먹어야 한다고 말했다. 뭐라도 좋으니 내가 먹을 수 있는 채소를 골라서 먹어야 한다는 것이었다. 고민 끝에 나는 녹색 완두콩으로 정했다. 완두콩은 감자 맛과 아주 비슷했고 채소 맛도 거의 나지 않아서였다. 모차렐라, 양유(羊乳) 치즈처럼 발효 유제품도 먹기 싫어했다. 또한 층층이 재료를 넣어 오븐에 구운 빵, 라이스푸딩이나 올리브도 그냥 끔찍했다.

나는 열대여섯 살이 되어서야 비로소 조금씩 맛보기 시작했다. 어느 날 빨간 비트를 먹어봤는데 그리 나쁘지 않았다. 요즘도 나는 역겨워 먹어볼 엄두를 내지 않았던 아스파라거스나 그물버섯을 열여섯 살이 되어서야 맛보기 시작했다는 사실이 매우 짜증난다. 나중에 대학생이 되고 나서는 그런 음식을 더 많이 즐겨보려 해도 가격이 너무 비싸서 그럴 수 없었다. 이 문제와 관련해서 나는 나중에 가서야, 내가 받았던(어머니는 먼저 겪었던) 고통의 원인을 알게 되었다. 이는 네오포비아(neophobia)라는 증상으로 대부분의 아이들에게서 어느 정도 분명하게 나타난다.

"난 안 먹을 거야!" — 네오포비아

네오포비아는 새로운 것에 공포를 느끼는 상태를 말한다. 특히 후각에서 많이 나타나며 무엇보다 식품 향기에서 많이 볼 수 있다. 우리는 태어날 때부터 대부분 잘 모르는 냄새와 향을 우선 부정적으로 감지하게 되어 있다. 그래서 대부분의 아이들은 음식 선택의 폭이 좁은 편이다. 네오포비아를 극복하려면 냄새와 향을 대략 열 번 정도 인지해야 한다. 그 냄새와 향을 낯설게 느끼지 않으려면 말이다. 새로운 식품은 무엇이든 먹지 않으려는 아이들은 적어도 시험 삼아 맛을 보게 해야 한다. 아이들은 시간이 지나면 이런 음식에 익숙해지고 받아들인다. 뭐, 이론상으로는 그렇다.

고등학교 졸업 시험을 치고 난 뒤에 나는 메라노를 떠나 대학 공부를 위해 빈으로 갔다. 대도시에서 나는 새로운 향기들을 발견했다. 맨 먼저 배기가스에서 나는 악취였다. 또한 겨울 난방용으로 사용하던 석탄 냄새는 빈 사람들에게는 그야말로 익숙한 냄새였겠지만 나에게는 그렇지 않았다. 그러나 더 좋고 새로운 냄새도 접했다. 나는 군것질거리를 파는 시장 근처에 살았고, 매주 토요일이면 값싼 식료품을 찾아 시장에 갔다. 친구들과 나는 튀르키예 케밥도 발견했고, 동양 양념, 그리고 세상의 온갖 나라에서 들어온 다양한 과일과 약초 냄새를 맡을 수 있었다. 이 시장에서 처음으로 망고를 샀고, 양이나 염소 우유로 만든 그리스 치즈도 구입했다. 우리는 카레와 칠리가 들어간 음식을 맛보기 시작했고, 냉동실에서 꺼낸 피자를 데워 먹기도 했다. 이 피자에는 모차렐라, 토마토, 신선한 바질이 토핑되어 있었다.

언제부터인가 우리는 와인을 발견했다. 처음에 와인은 어떤 목적을 위한 수단에 불과했지만, 코르크 불량 와인을 알아차렸을 때는 자부심을 갖고는 했다. 그런데 시간이 지나면서 우리는 다양한 포도 품종을 비교해보기 시작했다. 우리는 저녁 모임을 열어, 저마다 메를로(merlot) 품종으로 만든 와인을 가져와 비교하고, 또 어떤 날에는 카베르네 소비뇽(cabernet sauvignon) 와인들을 비교해보았다. 이런 과정에서 우리는 와인을 알아보고 확인하는 일이 얼마나 어려운지를 배웠다. 어떤 와인에서는 오크통 냄새가 난다거나 카베르네 프랑(cabernet franc) 품종의 와인에서는 녹색 피망이 느껴진다는 데 의견이 일치할 때도 많았다. 그러나 의견이 달라서 논쟁을 펼칠 때가 더 많았다. 어떤 와인에서 바닐라 맛이 나는지 아니면 담배 맛이 나는지, 산딸기 맛이 나는지 아니면 버찌 맛이 나는지를 두고 논쟁을 벌이곤 했다. 그렇지만 대부분의 경우 우리는 와인이 무슨 기억을 떠오르게 하는지, 무엇을 연상시키는지 묘사하고는 했다. 그래도 다 소용이 없으면, 우리는 그 와인을 퇴물 남성이라 불렀다. 또한 훗날 나는, 냄새를 묘사하고 와인을 감별하는 소믈리에와 향수를 만드는 조향사들이 수년간의 교육을 받고 경험을 쌓아야 하는 이유를 알게 되었다.

냄새의 과학

물론 나는 빈에서 새로운 냄새를 알아가고 와인을 마시는 데만 시간을 보낸 것은 아니었고, 의학도 공부했다. 학업을 마칠 즈음 나는 한 학우와 많은 시간을 보냈는데, 메라노에서 그와 인턴 과정을 함께했다. 이 동료는 박사 논문을 쓸 결심을 했고 나에게 자신의 실험과 연구에 대해 들려주었다. 나는 늘 과학에 매료되어 있었고 그래서 언젠가 나도 박사 논문을 쓰고 싶다는 바람이 마음속에서 무럭무럭 자라났다. 하지만 나는 논문 주제도 지도교수도 없었다. 그러다 우연한 기회가 찾아왔다. 대학병원 이비인후과에서 학생들에게 정보를 제공하는 홈페이지를 유일하게 운영했는데, 적극적인 병원 관계자가 홈페이지를 제작한 덕분이라고 들었다. 어느 날 나는 홈페이지에서 인턴 과정 정보를 찾다가 박사 논문으로 쓸 만한 다양한 주제를 발견했다. 이뿐만 아니었다. '후각과 맛의 인식'이라는 주제로 논문을 쓰고 싶은 학생을 찾고 있었다. 이 정보를 접하자 온몸에 전율을 느꼈다.

   잠시 망설인 끝에 나는 훗날의 박사 논문 지도교수에게 연락했고 두 번 만나고 나서 논문 주제를 정했다. 바로 '만성 신부전증을 앓고 있을 때 후각과 맛의 인식'이었다. 우선 신부전증을 앓고 있을 때 어떤 신경학적 변화가 일어나는지 이해하는 게 중요했다. 하지만 나는 후각이 어떻게 작동하는지도 이해해야만 했다. 그래서 교과서부터 찾아보기 시작했고, 곧 후각은 흔히 피상적으로만 다뤄지고 기껏해야 반쪽짜리 정보밖에 없다는 사실을 알게 되었다. 나는 전문잡지를 읽었고, 냄새를 맡는 데 이용되는 수용체가 어떻게 작동하는지도 최근에야 발견했다는 사실을 알았다. 이 연구로 미국의 린다 벅(Linda Buck)과 리처드 액설(Richard Axel)은 2004년에 노벨의학상을 받았다. 또한 최근에 이르러서야 몬트리올 신경학연구소 연구원들이 뇌의 어떤 영역에서 후각적 자극을 담당하는지 발견했다는 사실도 알았다.

청각·시각과 마찬가지로 후각도 이미 연구가 잘 되어 있으리라 기대한 나는 당황할 수밖에 없었다. 좀더 오래된 논문들을 찾아보았고 그러다 1920~1950년대의 연구를 읽었으며, '미지의 감각'에 점점 더 매료되었다. 빨강·노랑·파랑 같은 기본 색깔이 있듯, 다른 모든 냄새를 혼합할 수 있는 기본 냄새를 발견하려고 얼마나 오랜 노력이 있었던가? 얼마나 많은 기본 냄새가 있으며, 얼마나 많은 냄새를 구분할 수 있을까. 오늘날 우리는 다음과 같은 사실을 안다. 후각은 청각과 시각처럼 작동하지 않으며, 냄새를 담당하는 수용체는 시각 수용체에 비해 수백 배는 더 많고, 수백만 가지 냄새가 있더라도 우리는 어쩌면 이것들을 구분할 수도 있다. 그러나 이 모든 사실은 당시에 알려진 지 얼마 되지 않았거나 아직 발견되지 않은 상태였다.

그 무렵 나는 이비인후과에서 인턴 과정을 시작했다. 우리는 후각을 상실한 환자들을 진료했다. 나는 이런 질환을 특별히 생각해본 적이 없어서 그런지 이런 일이 꽤나 자주 일어나는 상황에 적잖

이 놀랐다. 나는 후각을 파악하기 위한 다양한 측정법을 알게 되었고, 안경점에서 하는 시력 검사에 비해서도 정교하지 않고 부정확하기까지 한 방법들도 배웠다. 우리는 환자들이 어느 정도로 냄새를 잘 인지하는지, 여러 냄새를 얼마나 잘 구분하는지 검사했다. 더 정확한 진단 방법, 그러니까 뇌전도(EEG) 검사나 MRI는 전문 연구소에서나 사용되었지 일반 진료에는 쓰이지 않았다.

박사 학위를 받은 뒤 나는 독일 드레스덴의 전문 연구소에서 일할 기회가 생겼는데, 이곳에서는 후각이 어떻게 작동하는지 이해할 필요도 없이 후각장애 환자들을 도와야 했다. 그렇게 나는 전문적인 방법들을 사용하기 시작했다. 우리는 환자들과 건강한 대조군이 냄새를 맡는 동안 뇌파를 측정했고, 다양한 냄새를 지각하는 동안 뇌의 어떤 영역이 활성화되는지를 검사했다. 뇌가 냄새에 어떤 반응을 보이는지, 뇌는 냄새를 어떻게 처리하는지, 앞뒤 맥락은 우리의 후각적 예민함을 어떻게 바꿀 수 있는지에 대해 나는 완전히 빠져들어 배웠다. 드레스덴에서 나는 의사라는 직업 세계에 뛰어들지 않고 기초연구를 계속해야겠다고 마음먹었다.

몇 년 뒤 나는 몬트리올 신경학연구소의 한 팀에 합류했다. 이 연구소는 우리 분야에서는 거의 신화에 가깝다. (남티롤 출신에게는 산이라기보다 언덕으로 보이는) 로열산에 딱 붙어 있는 이 연구소 건물은 도시 위에 우뚝 솟아 있었다. 신경외과 분야의 선구자인 와일더 펜필드(Wilder Penfield)가 이 연구소를 설립했고, 여기서는 신경학 기초연구와 임상 실습이 서로의 자양분이 되어주었다. 이곳에서 뇌전증 외과가 생겨났고, 우리의 기억이 어떻게 작동하는지 밝혀냈으며, 뇌영상 처리 기술도 발명했다. 뇌영상 처리 기술 덕분에 나는 한 단계 도약을 시도할 수 있었다. 나는 우리가 냄새를 맡는 동안 뇌에서 무슨 일이 일어나는지 이해하고자 했지만, 동시에 뇌라는 구조가 우리의 후각 능력에 어떤 영향을 주는지도 알고 싶었다.

몬트리올에서 몇 년 지낸 뒤 나는 '모넬 화학감각센터(Monell Chemical Senses Center)'의 객원 학자로 몇 달 머물러달라는 제안을 받았다. 미국 펜실베이니아주 필라델피아에 위치한 이 센터는 후각과 미각이라는 주제에 관한 한 세계적으로 앞서가는 연구시설이다. 20개가 넘는 연구팀은 후각과 미각에 대한 이해를 도모한다. 수용체는 어떻게 작동하는지, 어떻게 자극이 일어나는지, 뇌는 자극을 어떻게 처리하는지, 후각과 미각을 상실했을 때 무슨 일이 일어나는지 등등. 연구는 굳이 사람에게만 한정하지 않고, 초파리·모기·쥐와 다른 많은 종을 대상으로 한다. 나는 이곳에 체류하는 동안 특별한 임무를 맡았다. 단 하나의 향을 이해하는 일은 항상 어렵지 않은데, 일반적으로 우리는 하나가 아닌 여러 가지 향이 섞인 일종의 향 칵테일에 노출된다. 그래서 우리는 냄새들이 함께 어떻게 영향을 주는지에 관심이 많았고, 냄새들을 분리해서 각각 자극을 주는 경우와 함께 자극을 주는 경우를 비교했다. 우리는 냄새들 사이의 복잡한 상호작용을 좀더 잘 이해하기 시작했고, 많은 향이 다른 향을 억누르거나 강화하는 경향이 있음을 확인했다.

몬트리올로 돌아온 나는 몬트리올 대학의 한 연구팀에 박사후연구원으로 참여했다. 이 연구팀은 감각들 사이의 유연성에 집중했는데, 더 간단히 표현하면 갑자기 감각체계가 무너질 때, 예를 들어 눈이 보이지 않거나 청각을 잃거나 후각을 상실할 경우 뇌는 어떻게 변하는지를 조사했다. 이 연구실이 지금까지는 시각과 청각에 초점을 맞췄다면, 나는 내 경험을 살려 화학적 감각을 접목할 수 있었다.

화학적 감각

이 감각은 시각·촉각·청각과는 다르게 작동한다. 시각장애인, 특히 태어날 때부터 시각을 잃었거나 태어나고 얼마 뒤 시력을 상실한 사람들은 전형적으로 청각과 촉각이 발달해 더 예민하며 이들 감각에서 더 많은 정보를 끌어낼 수 있다. 이와 비슷한 현상을 청각을 상실한 사람들에게서도 발견할 수 있다. 그러나 화학적 감각은 이러한 패턴을 따르지 않는 듯하다. 앞이 보이지 않거나 소리를 듣지 못하는 사람들은 우리가 기대하듯 더 예리한 후각을 갖고 있지 않으며, 오히려 더 무디다. 우리 연구결과가 이런 사실을 보여준다. 따라서 시력을 잃은 이들 가운데 탁월한 음악가(레이 찰스, 스티비 원더, 안드레아 보첼리)는 있지만, 탁월한 향수 전문가나 와인 전문가(소믈리에)는 없다. 화학적 감각의 특수성은, 후각을 상실한 환자들의 미각이 더 약해지는 경향에서 나타난다. 따라서 미각은 감퇴한 후각 또는 상실한 후각을 보완할 수 없으며, 화학적 감각은 이 두 가지 감각 중 하나가 손상되었을 때 손상되지 않은 다른 감각을 더 약하게 만드는 것으로 나타난다.

나는 2013/2014년에 마침내 독자적 연구를 시작했고 나만의 연구팀을 만들었다. 처음에는 몬트리올 사크레쾨르 병원에 연구센터를 두었고 그 후 몬트리올 외곽의 소도시 트루아리비에르에 있는 퀘벡 대학에서 해부학 교수직을 제안했다. 우리 팀은 이때부터 두 가지 연구과제에 집중했다. 두 가지 모두 하나의 핵심 의문에서 도출되었다. "우리의 후각은 뇌와 어떤 관계를 맺고 있는가?" 첫 번째로 우리는 후각에 영향을 미치는 뇌의 특정 질환을 조사했다. 여기에는 파킨슨병과 알츠하이머병 같은 신경퇴행성 질환과 뇌진탕처럼 두개골-뇌 외상도 속한다. 두 번째 연구과제로는 건강한 사람의 뇌와 후각이 어떻게 서로 연관되는지 조사했다. 후각 자극은 뇌의 어느 부위에서 담당하고, 어떤 요소들이 우리의 후각적 인지에 영향을 주며, 냄새 정보는 동시에 일어나는 자극, 예를 들어 미각을 통해 어떻게 변하는가. 또한 어느 정도로 우리는 후각을 훈련할 수 있으며 그런 훈련이 뇌도 바꾸는지 알고 싶었다. 만일 그렇다면, 후각 훈련이 뇌에 더 많은 후각 관련 저장소를 제공하고 그리하여 신경퇴행성 질환을 막을 수 있는지도 조사하고 싶었다.

과학자의 직업 활동은 새로운 가설을 정립하고, 실험을 실시하며, 획득한 자료를 기존 지식에 통합하여 새로운 지식을 창조하는 것에 그치지 않는다. 나아가 이러한 지식을 전파해야 한다. 이를 위한 통로는 다양하다. 연구자들이 학술지에 논문을 싣고 자신들의 자료와 결과를 학술회의에서 소개하며, 포스터를 붙이거나 강연을 하는 게 전형적인 방법이다. 이러한 방식으로는 전문가 청중, 그러니까 학자와 전공자에게만 전달할 수 있다. 하지만 나는 오늘날처럼 학문적 결과에 대해 갈수록 비판적인 사회에서는 학자로서 대학이라는 상아탑을 떠나, 연구 자료와 결과 및 지식을 모든 사람과 함께 나누는 일이 더욱 중요하다고 확신한다. 나는 인류의 중요한 문제, 그러니까 기후변화, 전염병, 새로운 농업기술을 연구하지는 않는다. 물론 후각이라는 문제를 통해 과학에 관심을 불러일으킬 수 있고, 우리 모두 호흡할 때마다 냄새를 맡으며 흔히 기쁨과 열정을 품고 냄새를 맡기도 한다. 나는 내가 얻은 인식을 대중과 함께 나누는 것을 과제로 삼았다. 강연이든, 텔레비전이나 라디오 인터뷰든, 인쇄물, 특히 이런 책의 형태로든 말이다. 나는 앞으로 독자 여러분을 후각과 미각의 세계로 떠나는 여행에 초대하고 싶으며, 이렇듯 오래된 감각에 대해 내가 느끼는 매혹을 여러분에게도 전해줄 수 있으면 좋겠다. 각 장의 마지막에 내가 추천하는 '연습' 코너도 있는데, 여러분도 한번 따라해보기 바란다. 분명 깜짝 놀라 감탄을 연발할 것이다.

일상 속 제안

머릿속으로 어린 시절로 여행을 떠나보라. 어떤 냄새가 인상적이고 어떤 기억과 이야기가 떠오르는가? 어린 시절의 어떤 냄새가 이제는 남아 있지 않으며, 세월이 흘러도 여전히 여러분에게 남아 있는 기억은 무엇인가?

02

냄새는 어떻게 작동하는가

놀랍기 그지없는 코 공장

이 장에서 알아볼 내용

냄새를 맡을 때 냄새의 원천에서 소량이 코 안으로 들어간다.

우리는 시각 수용체보다 100배는 더 많은 후각 수용체를 갖고 있다.

냄새 자극은 감정을 관할하는 뇌 영역에서 처리한다.

물리적 감각과 화학적 감각

후각은 전통적인 오감(五感)에 속한다. 보기와 듣기, 맛보기와 만지기 외에 냄새를 맡는 이 감각은 우리 주변을 인지하고 자극에 적절히 반응할 수 있게 해준다. 보고 듣고 만지는 것은 물리적 감각으로,

자극의 원천이 물리적으로 감각기관과 상호작용함으로써 감각적 인상을 받는다. 작동방식에 대해 잠시 살펴보자. 시각의 경우 태양에서 나오거나 인공 불빛으로 생기는 광자(光子)는 표면에서 반사된다. 밝은 표면일 때 더 많고, 어두운 표면일 때 더 적다. 광자는 각막을 통해 우리 눈에 도달하고, 동공에 의해 다발로 묶여 수정체를 통과한다. 광자는 수용체 세포를 만나기 전에 눈 뒤의 망막에서 몇 개의 세포층을 뚫고 들어간다. 수용체 세포에는 두 종류가 있다. 간상세포는 상당히 예민하고 흑백만 볼 수 있으며, 적은 빛에, 가령 밤에 작동한다. 다른 하나는 원추세포인데, 색을 볼 수 있고 상당히 많은 빛을 요구한다. 이 수용체 세포들은 물리적 자극을 신경계 언어로 '번역'하여 전기적 자극으로 바꾼다. 그러면 이 전기 자극은 시신경의 신경섬유를 거쳐 뇌로 보내지고 이곳에서 처리된다.

그런가 하면 듣기는 진동 구조에 의해 만들어지는 음파의 인지를 기본으로 한다. 그것은 확성기의 진동판일 수도, 신경질적 목소리를 가진 여자 동료의 성대일 수도, 또는 자동차 엔진일 수도 있다. 음파는 동일한 주파수로 진동하기 시작함으로써 전형적인 매질인 공기를 거쳐 전달된다. 그러면 음파는 우리 고막에 닿고, 고막도 진동하기 시작하며, 다른 한편으로 고막은 가운데귀(중이)에 있는 이소골도 진동시키는데, 바로 망치뼈·모루뼈·등자뼈다. 등자뼈는 속귀에 있는 액체를 흔들리게 하는데, 이때 음원의 주파수와 항상 동일한 주파수를 유지한다. 속귀의 달팽이관에서는 나선형 모양의 달팽이 내에서 일어나는 주기적 순회 파형(periodic travelling wave)이 발생한다. 이 파형은 주파수에 따라 특정 구역에서 최대에 도달한다. 이렇듯 파형이 최대에 도달하면 청각계의 수용체 세포인 내유모세포(inner hair cell)를 자극한다. 내유모세포는 압력파〔액체와 고체에서 볼 수 있는 세로로 움직이는 종파(縱波)―옮긴이〕의 기계적 자극을 전기 자극으로 바꾸며 이로써 망막의 원추세포와 간상세포에 해당하는 역할을 한다. 전기 자극은 이번에는 청신경을 거쳐 뇌로 전달되어 그곳에서 처리된다. 촉각의 경우에도 압력파를 전기 신호로 바꿔주는 비슷한 수용체 세포들이 있다.

주변 자극을 '뇌의 언어'라 할 수 있는 전기 자극으로 바꾸는 것이 다양한 감각계의 수용체 세포들이 떠맡는 과제다. 이런 과정을 형질변환(transduction)이라 부른다. 신경계가 어떻게 작동하는지 이해하고자 하는 사람은, 수용체 세포와 수용체를 봐야 한다. 망막의 원추세포와 간상세포, 가운데귀의 이소골에 있는 내유모세포는 어떻게 작동할까? 형질변환의 개별 과정은 매우 복잡하고 다양한 감각계에서 차이가 나지만, 기본적으로 수용체 세포는 특별한 단백질인 수용체를 가지고 있다. 그러니까 자신들의 배치(3차원 배열)를 바꾸면서 자극에 대응하는 특별한 단백질이다. 이는 다양한 메커니즘을 거쳐 수용체 세포들 내의 전해질 균형을 바꾼다. 이를 통해 이른바 활동전위(action potential)―세포질 사이 정상적 전압에서의 일시적 이탈―가 수용체 세포에서 직접, 또는 이후에 작동하는 세포의 내부와 세포 밖 공간에서 발생한다. 이 같은 활동전위는 전체 세포들을 통해 발생 지점에서 퍼져나가고, 감각기관을 뇌에 연결하는 신경세포들의 돌기에 도착한다. 이로써 감각기관으로부터 뇌로 전달되는 전기 자극이 발생하는 것이다.

물리적 감각인 시각·청각·촉각의 특별함은 자극의 원천과 수용체 세포가 직접 접촉할 필요가 없다는 데 있다. 반대로 그 원천이 아주 멀리 떨어져 있기도 하다. 번개로 촉발된 천둥을 우리는 몇 킬로미터 떨어진 곳에서 인지하는데, 이때 천둥소리는 우리 속귀까지 도달하지 않은 상태다. 우리가 온종일 인지하는 광자는 한 그루 나무에 의해 반사되고 우리 눈 안으로 파고들어 망막의 수용체 세포를 활성화하기 전에, 이미 1억 5000만 킬로미터를 건너왔다.

이른바 미각과 후각의 경우 사태는 전혀 다르다. 이때는 물질, 그러니까 화학적 성분이 수용체 세포와 직접 연결된다. 우리가 설탕 맛을 알고자 하면, 설탕 분자가 침에 녹아야 하고 침과 함께 혀의 맛봉오리(미뢰)에 있는 미각 수용체 세포들 표면에 도달해야 한다. 수용체 세포들 표면에는 설탕 분자의 맛을 알아볼 수 있는 수용체가 있으며, 이것들이 원자 배치를 바꾸고 마지막으로 활동전위를 가져온다. 따라서 맛을 내는 재료는 수용성이어야 한다. 우리가 향기를 인지하기 위해서는 향의 재료가 코 안으로 들어와야 한다.

여기서 향기와 냄새, 방향물질의 차이를 잠시 설명해야겠다. '향기'란 좋은 냄새로 이해할 수 있다. 모든 향기는 일종의 냄새이기는 하지만, 모든 냄새가 향기는 아니다. 이 두 가지 표현은 우리의 인지 상태를 말해준다. 이와 달리 방향물질이란 화학적 성분으로, 하나의 향기나 냄새를 인지하도록 발산되는 성분이다. 방향물질은 후각 수용체와 접촉하는 성분으로, 우리가 그때그때 인지하는 것은 향기나 냄새다.

방향물질은 침 안의 수용체에 도달하지 않고, 공기를 통해 들어온다. 따라서 날아가기 쉬운데, 증발한다는 뜻이다. 이 방향물질은 코에 도달하자마자 후각세포에 있는 향 수용체와 접촉한다. 이런 자극은 다시금 수용체 단백질의 원자 배치를 바꾸고, 이는 활동전위를 불러오며, 그리하여 전기 자극이 뇌에 전달된다.

후각은 다음과 같이 작동한다

후각점막

콧구멍 전체는 점막으로 도배돼 있고, 이때 코의 점막 대부분은 이른바 섬모상피로 덮여 있다. 이런 이름이 붙은 이유는 세포들 표면에 기도를 깨끗하게 하는 데 한몫하는 아주 작은 섬모들이 있는 탓이다. 하지만 우리는 섬모상피에서 후각 수용체를 발견하지는 못한다. 수용체들은 코에서 비교적 작은 부분에서만 볼 수 있는데, 바로 비강(鼻腔) 상부이다. 코의 뿌리 부분 뒤에 있는 비강 천장에는 또 다른 종류의 점막을 발견할 수 있는데, 바로 후각점막이다. 후각점막에는 신경세포뿐 아니라 후각 수용체 세포도 있기 때문에 그 밖의 섬모상피와는 구분된다. 이들 세포는 밖으로 뒤집어지는 작은 속눈썹 같은 섬모를 지니고 있다. 바로 여기 섬모에 후각 수용체들이 있으며, 방향물질에 반응하는 단백질이다.

화학적 감각인 후각의 경우 적어도 자극 원천의 아주 일부분이라도 수용체와, 그러니까 신경계와 직접 접촉해야 한다. 만일 우리가 커피 냄새를 맡으면, 그 방향물질이 공기 중으로 날아가고 우리의 호흡을 통해 비강 안으로 들어와 수용체와 연결된다. 우리가 어떤 사람의 몸에서 나는 냄새를 인지하든, 소똥이나 피자, 장미 향을 맡든, 항상 방향물질은 아주 작은 일부분이라도 우리 몸 안에 들어와야 한다. 반대로 물리적 감각에서는 수용체 세포와 자극의 원천 사이에 직접적 접촉이 일어나지 않는다.

후각 수용체 세포

후각 수용체 세포는 다른 모든 수용체 세포처럼 신경세포이며 따라서 신경계의 구성 성분이다. 물리적 감각의 경우 수용체 세포는 물론 신체 깊숙한 곳에 있다. 만일 우리가 태양과 같이 너무 강렬한 빛을 쳐다보거나 너무 시끄러운 소리에 노출되면, 수용체 세포가 손상될 수 있다. 그렇기는 해도 시각 수용체 세포와 청각 수용체 세포는 외부로부터 부정적 영향을 받지 않게끔 잘 보호받는다. 그러나 화학적 감각인 후각은 다르다. 즉, 후각 수용체 세포는 외부세계와 직접 접촉해야 하며, 그러지 않으면 제 기능을 못할 수 있다. 호흡할 때마다 우리는 방향물질뿐 아니라, 우리 몸을 해치고 심지어 사망에 이르게 할 수 있는 독성 자극에도 노출된다. 그리하여 진화는 우리의 후각 수용체 세포에게 특별한 능력을 부여했다. 바로 세포

재생이다. 후각상피에는 후각 수용체 세포뿐 아니라, 이 후각세포로 성장할 수 있는 줄기세포가 있다. 이 줄기세포는 성인의 신경계에서 독특한 특징이라 볼 수 있는데, 왜냐하면 하반신 불구에서 볼 수 있듯이 보통 죽은 신경세포는 재생되지 않기 때문이다. 이와 달리 후각 수용체 세포는 지속적으로 재생된다. 6주 또는 6개월마다 완전히 새롭게 재생된다고 보고 있다.

줄기세포 연구는 여전히 찬반양론이 나뉘는데, 무엇보다 줄기세포를 배아에서 얻는 탓이다. 반면 후각점막에서 얻는 줄기세포는 윤리적 논쟁 대상이 안 된다. 따라서 후각점막에서 줄기세포를 얻어 이를 다른 조직, 예를 들어 척수에 심는 시도를 하는 연구팀도 많다. 척수에서 척수 신경세포로 자라날 수 있을지 모른다는 희망을 품고 말이다. 이러한 과정은 아직 미완의 상태이지만, 언젠가 하반신 불구 환자들에게 새로운 희망이 될 수 있다.

후각 수용체

우리가 인지할 수 있는 방향물질의 종류는 수십만 가지에 달한다. 그러나 후각 수용체 세포는 그렇게 다양한 화학 성분을 어떻게 기록해둘까? 이를 위해 우선 다른 감각들을 살펴보자. 대부분 시각에 대해서는 잘 알려져 있다. 간상세포는 흑백 담당이며 원추세포는 색깔을 담당한다. 실제로 우리는 다양한 파장의 빛에 반응하는 세 가지 종류의 원추세포를 가지고 있다. 장파 빨간색에 반응하는 원추세포, 단파 녹색에 반응하는 원추세포, 그리고 세 번째 유형은 특히 짧은 파장 파란색에 반응하는 원추세포다. 우리가 다채로운 색깔의 표면을 관찰하면, 그때마다 해당 원추세포들이 자극을 받는다. 표면이 녹색이면 주로 녹색에 반응하는 원추세포가 자극을 받고 다른 두 가지 원추세포는 적은 자극을 받는다. 표면이 파란색이면 무엇보다 파란색에 반응하는 원추세포가 자극을 받는다. 따라서 우리가 무지개색을 인지하면, 이는 세 가지 원추세포가 모두 자극을 받은 결과다. 우리 인간은 1000만 가지 색을 구분할 수 있다고 추정한다. 하지만 우리 가운데 일부는 색맹이어서 두 가지 원추세포밖에 없다. 녹색 원추세포가 없는 까닭이다. 이 원추세포를 가지고 있는 사람들은 '다만' 대략 1000만 가지의 다양한 색깔을 인지할 수 있다. 따라서 녹색 원추세포가 추가로 더해짐으로써 우리가 엄청나게 많은 자극에 반응할 수 있게 된 사실을 알 수 있다.

최근에야 비로소 우리는 후각 수용체 세포가 어떻게 작동하는지 알게 되었다. 망막의 수용체 세포와 비슷하게 다양한 자극에 반응하는 후각 수용체 세포가 있다. 시각의 경우 다양한 자극을 구분할 수 있는 차원은 잘 알려져 있다. 즉, 세 가지 원추세포 유형은 다양한 파장에 반응한다. 이 세 가지로도 충분한데, 이들 원추세포가 색깔의 다양성의 원인인 까닭이다. 그런데 화학물질의 경우에는 그렇지 않으며, 이들 물질은 다양한 방식으로 구분된다. 화학물질은 기능상의 그룹들로 나뉜다. 즉, 알코올·알데하이드·산을 포함할 수도 있고, 다양하면서도 기다란 원소를 지닌 탄소 무리나 황 그룹을 포함할 수도 있고, 벤젠 그룹을 비롯해 아주 많은 화학물질을 포함할 수도 있다. 이 모든 성분은 상이한 냄새를 지닌다. 황 그룹에 속하는 화학물질은 황처럼 썩은 계란 냄새가 나고, 벤젠고리가 포함된 화학물질은 향긋하며, 알데하이드는 달콤한 과일즙 냄새가 나고, 알코올은 당연히 술 냄새가 나는 식이다. 우리는 이들 화학 성분을 빛의 파장으로 색깔을 결정하듯 그렇게 단 하나의 축으로 냄새를 분류할 수 없다. 냄새는 그보다 훨씬 더 복잡하고, 우리가 냄새를 서술하려면 아주 많은 어휘가 필요하다. 따라서 파장 같은 단일한 차원 대신에 다수의 차원이 필요한 것이다. 이를 위해서는 서너 가지 서로 다른 수용체로는 부족하며, 수십 아니 수백 가지 수용체가 필요하다.

후각의 수용체 시스템은 바로 그렇게 작동한다. 우리 인간은 350~400개의 다양한 후각 수용체 유형을 보유하고 있으며 각 수용체 세포는 표면에 단 하나의 유형을 지닌다. 우리는 어느 특정한 방향물질에 자극받기보다는 방향성 물질을 구성하는 기능성 그룹을 통해 자극을 받는다. 알코올 그룹을 포괄하는 휘발성 화학물질들은 그 수용체가 알코올 그룹에 반응하는 후각세포들만 자극하는 것이다. 이모든 화학물질은 이로써 알코올 노트(note, 향)를 지닌다. 단일 방향물질은 서로 다른 후각 수용체 세포를 자극할 수 있고, 단일 후각 수용체 세포는 많은 다양한 화학물질에 자극받을 수 있다. 화학물질을 조합해 나올 수 있는 경우의 수는 어지러울 정도로 많으며, 특히 대부분의 방향물질이 단일 화학물질로 이루어질 뿐 아니라 다양한 분자의 혼합이라는 사실을 생각해보면 그렇다. 예를 들어 커피 향은 수백 가지 다양한 방향물질로 구성된다.

우리 유전자에는 신체를 만들 때 들어간 모든 단백질을 위한 설계도가 내장돼 있다. 그렇듯 400개나 되는 후각 수용체를 위한 설계도도 내장돼 있다. 후각 수용체를 위한 설계도는 전체 유전자 정보의 2퍼센트를 차지한다. 진화는 우리 생존에 중요하지 않으면 아무것도 저장하지 않는다. 우리 유전자 정보 가운데 2퍼센트를 차지한다는 말은, 후각이 우리 생존에 매우 중요하다는 의미로 해석할 수 있다.

다른 곳에 있는 후각 수용체

흥미롭게도 후각 수용체는 후각점막에 있는 세포들에서만 발견되는 게 아니다. 우리 신체의 거의 모든 조직, 그러니까 간·콩팥·장(腸) 같은 곳의 표면 세포들도 후각 수용체를 가지고 있다. 이것들은 후각과 상관이 없지만, 어떤 임무를 맡고 있는지는 밝혀지지 않았다. 심지어 정자세포에도 후각 수용체가 있는데, 그중 하나는 재스민 향에 반응한다. 이 수용체 덕분에 정자세포가 난자세포를 발견하는 듯하다. 아마도 난자세포는 정자세포 표면에 있는 후각 수용체를 통해 정자세포에 작용하는 어떤 물질을 분비하는 것 같다. 우리는 아직 어떤 물질인지 알지 못하지만, 언젠가 이러한 메커니즘을 이용해 호르몬에 영향을 주지 않는 새로운 종류의 피임약을 개발할 수도 있을 것이다.

후각신경

후각상피에 있는 후각 수용체 세포로부터 신경섬유다발이 뇌로 이어진다. 이 섬유다발은 전반적으로 첫 번째 뇌신경이라 할 수 있는 후각신경을 형성한다. 인간은 총 12쌍의 뇌신경이 있으며, 각각의 뇌신경은 서로 다른 기능을 한다. 전 세계 어디든 해부학 수업을 듣는 대학생들은 뇌신경의 이름과 기능을 암기하려고 노력하며, 후각신경은 그 암기목록 가운데 제일 먼저 등장한다. 뇌신경 2번에 해당하는 시신경은 망막의 시각 정보를 뇌에 전달하는 임무를 담당하고, 뇌신경 3번, 4번 및 6번은 눈의 움직임을 담당하며, 뇌신경 5번은 피부와 점막의 촉각 정보와 통증 정보를 담당하고, 뇌신경 12번은 혀의 움직임을 담당한다……. 따라서 후각신경은 후각점막으로 이루어진 섬유다발 전체다. 후각신경은 코 뒤의 두 눈 사이에서, 두개골을 통해 분리된다. 각각의 다발에는 작은 구멍이 있고 뼈는 체처럼 구멍이 숭숭 뚫려 있는 것처럼 보인다. 그래서 이를 사골(篩骨, ethmoid bone)이라 부르며, 섬유다발이 나타나는 장소는 사골판이다. 사골판 밑에 비강의 천장이 있고, 그 위에 뇌가 있다.

후각망울

후각신경의 섬유다발은 특별히 길지는 않은데, 이 다발은 사골판 바로 위, 그러니까 길쭉한 렌즈처럼 생긴 후각망울에서 끝난다. 해부학자가 말하는 후각망울은 코가 아니라 바로 이 부분을 가리킨다. 후각신경의 섬유들은 뇌가 급작스럽게 움직이면 상대적으로 위험하다. 보통 뇌는 뇌척수액에서 수영을 하는 듯한 모습이다. 우리가 고개를 끄덕이거나 흔들면, 액체는 완충장치 역할을 한다. 우리 머리가 비교적 강력한 타격을 받으면, 액체는 이 타격을 더 이상 완충하지 못해 뇌가 뼈에 부딪히고, 그래서 뇌가 덜컹거리며 세게 흔들릴 수 있다. 그 결과 우리는 뇌진탕 증상을 느낄 수 있는데, 두통과 구토, 빛에 대한 예민성, 피로와 장기간 우울증, 불안이 지속될 수도 있다.

후각섬유는 뇌와 함께 움직이지 않기 때문에, 아주 짧은 시간 동안 사골에 고정되어 있듯이 존재하는 까닭에, 뇌진탕에서처럼 뇌의 급작스러운 움직임에 끊어질 수 있다. 그 결과 후각을 완전히 상실하거나 부분적으로 상실한다. 우리는 뇌진탕이 일어난 다음 날 환자들을 조사했고, 대략 환자의 3분의 2가 후각 기능에 손상을 입었음을 알 수 있었다. 놀랍게도 환자들은 후각 손상 사실을 전혀 알아차리지 못했다. 아마도 환자들에게는 뇌진탕의 다른 증상, 그러니까 고통과 과민성 등이 더 중요했던 것 같다. 하지만 병원에서 나오는 음식이 너무 맛이 없다는 불평을 자주 했다. 우리는 6장에서 후각이 음식 냄새 인지와 얼마나 밀접한 관련이 있는지 살펴볼 것이다. 나는 환자들의 불평이 병원 조리사의 솜씨 부족 때문이 아니라, 환자들의 후각 손상 때문이라고 확신한다.

다행스럽게도 우리의 후각점막에는 줄기세포가 있다. 따라서 후각신경세포는 뇌진탕이 일어나고 몇 주 뒤 새로 재생될 수 있고, 후각상피는 후각망울에 다시 연결될 수 있다. 그렇기에 시간이 지날수록 뇌진탕으로 후각 기능에 장애가 생긴 환자 수가 감소했다. 물론 몇몇은 여전히 손상을 입은 상태였다. 사골판 영역에서 뇌에 출혈이 있거나 흉터가 생긴 경우, 새로 자란 섬유들이 후각망울에 도달할 수 없고 후각 손상이 그대로 남게 된다.

후각기관계

후각망울에서는 후각 정보를 최초로 처리하는 과정이 일어나지만, 자극은 신속하게 후각기관계(嗅覺器官系)의 중심 영역으로 전달된다. 다시 말해, 후각 정보를 처리해 냄새의 인지를 담당하는 뇌의 영역으로 전달되는 것이다. 이 영역은 꽤 독특한 이름을 갖고 있는데, '배처럼 생긴 뇌피질', '편도핵', '해마'다. 후각 정보는 바로 이곳의 뇌피질에 도달함으로써 우리가 그 정보를 알게 된다. 이 중추는 냄새 인지와 향기 정보를 처리하는 과제만 담당하지 않기에 매우 특별하다. 이것이 바로 후각기관계의 특별함 가운데 하나라고 할 수 있다. 잠깐 비교해보자. 후두엽에 있는 뇌의 중추는 시각 정보를 처리하며 오로지 시각만 담당한다. 측두엽에 있는 청각 피질은 오로지 청각 정보만 처리한다. 그리고 두정엽에 있는 체성(體性) 감각 피질은 오로지 촉각 정보만 처리한다. 이와 반대로 후각중추는 대뇌변연계의 일부이며 더 많고 매우 중요한 과제를 담당한다.

대뇌변연계

대뇌변연계는 진화의 기준으로 보면 뇌의 오래된 부분에 해당하고 뇌 깊숙이 위치하며, 더 오래된 부위인 뇌간 옆에 있다. 대뇌변연계는 나머지 뇌의 통제하에서 부분적으로 우리의 충동을 제어하고 감정을 담당한다. 새로 기억할 내용을 파악해 이를 저장하도록 허락하는 것도 바로 대뇌변연계다. 또한 기억과 학습도 대뇌변연계가 맡은 일이다. 뇌의 보상중추 역시 대뇌변연계에 속하는데, 우리로 하여금 보상 행동을 하게 하는 곳이다. 예를 들어 배고플 때 음식을 먹고, 목이 마를 때 물을 마시고, 섹스를 하려고 노력하며, 좋은 성적을 받기 위해 공부하는 행동 등이다. 또한 대부분의 마약도 뇌의 보상중추를 자극하는데, 정신적으로 종속되게 만들어 행동하기 힘들게 한다.

향에 대한 정보는 직접적으로 대뇌변연계에 도달하고, 기억과 감정, 보상을 담당하는 뇌 부위를 활성화한다. 그렇기에 냄새를 전혀 맡지 못하는 사람을 제외하고, 우리 대부분은 냄새가 매우 강렬하고 감정적인 기억을 불러오는 일화를 이야기할 수 있다. 예를 들어 내 어린 시절 이야기를 해볼까 한다.

내가 여덟 살 때 고향에서는 방화벽 있는 사람이 불을 지르고 다녔다. 어느 날 밤 나는 소방차 사이렌 소리에 잠을 깼다. 내 방에 파란불이 밝게 번쩍였고 불에 타는 고무 냄새가 끔찍하게 났다. 악마 같은 방화범이 우리 마을에서 자동차 한 대에 불을 붙인 것이다. 나는 발코니에서 알군도 의용소방대의 용감한 대원들이 화재를 진압하는 모습을 보았다. 냄새, 파란빛, 불에 타는 자동차, 사이렌 소리, 소방대원들, 이 모든 것이 나에게 오랫동안 기억에 남을 인상을 심어주었다. 나는 지금도 고무 타는 냄새를 맡으면 바로 그날 밤으로 돌아가는데, 당시처럼 잔뜩 긴장하고 약간의 두려움도 느낀다. 이런 기억을 불러오는 것은 불에 타는 고무 냄새이며, 파란불을 볼 때나 사이렌 소리를 들어도 같은 효과가 생기지는 않는다. 이는 후각 정보가 직접적으로 기억과 감정을 담당하는 뇌 영역에 도달한다는 의미이고, 그래서 이런 기억이 활성화되는 것이다.

이는 많은 일화 가운데 하나의 예이며, 우리 모두 이른바 프루스트 효과를 알고 있다. 냄새가 불러일으키는 기억은 재난이나 전쟁의 희생자들에게서 알 수 있듯이 문제가 될 수도 있다. 예를 들어 폭탄이 터지는 현장에 있었던 미군 병사들이 쇼크로 인한 장애로 더는 바비큐를 할 수 없는 경우도 있다. 불에 타는 고기 냄새가 전쟁터에서 동료를 잃었던 끔찍한 날들을 떠오르게 하는 탓이다. 냄새와 연관된 감정이 되살아나는 것이다. 그러나 부정적 감정만 냄새와 연관 있지는 않다. 과거 애인에게서 맡았던 향수 냄새가 젊은 시절을 생각나게 할 수도 있고, 또는 오래된 책에서 나는 냄새가 학창 시절을 떠오르게 할 수 있다. 이런 기억과 그 기억을 불러일으키는 냄새는 매우 개인적이다.

기타 후각의 독특함

후각을 독특하게 만들어주는 또 다른 특징들이 있다. 그 가운데 하나는 무엇보다 신경해부학적 측면과 연관이 있다. 즉, 근육 운동을 포함해 다른 모든 감각의 경우 뇌의 정보는 교차 방식으로 처리된다. 다시 말해, 뇌의 오른쪽 반구는 신체의 왼쪽 부분을 담당하고 왼쪽 반구는 신체의 오른쪽 부분을 담당한다. 몇 가지 예를 들어보

자. 오른쪽 반구는 왼손을 통제하고 거꾸로 왼쪽 반구는 오른손을 통제한다. 얼굴 가운데 오른편에서 들어오는 정보는 왼쪽 반구에서 처리하고 거꾸로 얼굴 왼편에서 들어오는 정보는 오른쪽 반구에서 처리한다. 오른발에서 들어오는 촉각 정보는 왼쪽 반구에서, 왼발의 정보는 오른쪽 반구에서 담당한다. 그런데 후각의 경우는 다르다. 정보는 교차하지 않고 같은 측면에서 작업이 이루어진다. 오른쪽 코에서 들어오는 정보는 대뇌변연계의 오른쪽에서 처리하고 왼쪽 코의 정보는 왼쪽에서 담당한다.

이는 해부학적 세부사항일 수 있으며, 후각의 두 번째 특징은 기능적으로 중요한 의미가 있다. 후각을 제외한 모든 감각체계의 경우 정보가 들어오는 정류장이 있는데, 바로 시상(thalamus)이다. 시상은 간뇌에 있는 커다란 부위로 뇌의 깊숙한 곳에 자리한다. 감각 정보가 대뇌피질에 도달한 뒤, 그러니까 우리가 그 정보를 의식한 뒤, 시상은 필터 같은 작용을 한다. 정보 가운데 어느 것을 피질로 보내 우리가 의식하게 할지 결정하는 것이다. 따라서 시상은 '의식으로 들어가는 문'이다. 어떤 정보가 신체에 중요한지에 따라 시상은 특정 정보를 대뇌피질로 가도록 허락하는데, 그러지 않으면 너무 많은 정보가 동시에 의식으로 들어와 우리는 상당한 부담을 느끼기 때문이다.

"다른 쪽으로 돌파" ————————

특정 마약은 의식을 확장하는 효과가 있는데 이 역시 시상과 연관이 있다. LSD,

메스칼린, 실로시빈 같은 환각 성분은 '문지기' 역할을 하는 시상에 손상을 입힐 수 있고, 따라서 마약의 작용은 시상의 기능을 바꿀 수 있다는 사실이 최근에 밝혀졌다. 작가 올더스 헉슬리는 이미 오래전에 그런 점을 알았던 것 같다. 그는 수필 《인식으로 가는 문(The Doors to Perception)》(1954)에서 환각 성분을 시험해봤던 자신의 경험을 서술한다. (환각 성분을 꺼리지 않았던) 록 그룹 '도어스(The Doors)'는 그룹 이름을 바로 헉슬리의 책 제목에서 따왔다.('다른 쪽으로 돌파(break on through to the other side)'는 도어스의 노래 제목—옮긴이)

이와 반대로 후각은 다르게 작동한다. 시상과 연결되어 있지만, 후각 정보의 주요 부분은 곧장 대뇌변연계의 대뇌피질로 간다. 따라서 후각 정보는 시상에 의해 통제되지 않고, 필터로 '걸러지지 않은 채' 의식으로 들어간다. 바로 이런 이유에서 냄새가 불러오는 연상 작용과 감정이 그토록 강력할 수 있는 것이다.

시상이 작동하지 않는 점과 관련해 마지막으로 언급할 특징은 후각과 다른 감각들을 구분하게 해준다. 거의 모든 감각을 인식하면 우리는 잠에서 깨어날 수 있다. 만일 우리가 자고 있는 사람에게 고함을 지르면 그는 깨어난다. 자는 사람을 흔들거나 얼굴에 빛을 비추어도 깨어난다. 또한 자는 사람의 혀에 소금물 몇 방울만 떨어뜨려도 그를 깨울 수 있다. 이런 감각들과 달리 냄새는 잠에서 깨어나게 할 수 없다. 물론 예외도 있지만 그리 문제가 되지는 않는다. 즉, 우리가 잠을 잔다면 연기 냄새를 맡을 수 없고, 연기가 너무 강해 코와 목을 간지럽히기 시작하면 그제야 비로소 깨어난다. 하지만 이때는 너무 늦어버릴 수 있다. 깨어 있는 상태에서 우리 코는 매우 예민하기에 화재경보가 울리기 전에 연기를 인지한다. 그러나 잠을 자고 있으면 후각 인지가 이루어지지 않는다. 그래서 우리에게는 화재탐지기가 필요하다. 화재경보가 울리면 소리가 우리를 깨우고, 그러면 우리는 안전하게 피할 수 있다. 그러나 잘 작동하는 화재경보기가 없다면 우리는 연기에 질식하거나 출구를 찾지 못할 수도 있다. 따라서 규칙적으로 화재경보기가 잘 작동하는지 검사하는 일이 중요하다. 물론 우리 후각이 어떻게 작동하는지 이해하는 일도 중요하다.

일상 속 제안

특정 냄새를 맡으면 여러분은 매우 긍정적인 감정을 갖는가, 아니면 극단적으로 부정적인 감정을 느끼는가? 그 이유는 과거에 있는가? 특정 냄새가 어떤 이야기와 연결되는지 곰곰이 생각해보라. 다른 사람들과도 이야기해보라. 어떤 냄새가 여러분에게 프루스트 효과를 불러일으키는가?

03

〜

향기는 공기 중에 있다

좋은 냄새와 나쁜 냄새

이 장에서 알아볼 내용

왜 우리는 어떤 냄새를 좋다고 여기고, 다른 냄새를 불쾌하다고 느끼는가.

향수를 만들 때 들어가는 기본재료는 희석하지 않은 상태에서는 끔찍한 냄새가

난다.

후각을 인지할 때 우리 기대치가 중요한 역할을 한다.

다른 나라, 다른 냄새

외국 여행은 항상 모험이다. 우리는 다른 기후에 적응해야 하고, 의
사소통에도 어려움이 따르며, 음식도 집에서 먹는 음식과 다르다.

제대로 된 피자를 먹지 않고 이탈리아에 머물면 뭔가 부족하다는 느낌이 들고, 미국을 여행하면서 햄버거를 먹어보지 않으면 미국에 온 것 같지 않다. 또한 일본을 방문했는데 스시를 먹지 않은 사람은 일본에 있었다고 말하기 어렵다. 피자·햄버거·스시는 전 세계 이디를 가도 있지만, 이렇듯 그 나라를 대표하는 음식은 원조 국가에서 먹어야 최고로 맛있다.

하지만 거의 모든 외국인의 입맛에 맞지 않는 식품도 있다. 예를 들어 두리안이라는 과일이다. '열대과일의 여왕'이라 불리는 이 과일은 동남아시아에서 다들 먹고 싶어 열망하는 별미다. 원래 인도네시아와 말레이시아가 원산지이며, 오늘날에는 동남아시아와 다른 열대기후 국가 어디에서든 자란다. 이 과일은 가시가 돋은 야자 열매처럼 보이지만, 껍질은 매우 부드럽다. 또한 이 과일은 쪼개기가 매우 힘들고, 그 안에는 노랗고 크림처럼 생긴 과일즙이 있다. 두리안에서 발견할 수 있는 매혹적인 점은, 처음 접하는 사람에게는 끔찍할 만큼 역겨운 냄새가 난다는 것이다. 그래서 두리안에 붙여진 다른 이름들(치즈 과일, 악취 과일, 똥 과일)은 그런 특징을 말해준다. 나는 이 과일에서 퇴비 냄새가 난다고 본다. 싱가포르에서는 지하철을 탈 때 이 과일을 소지해서는 안 된다. 그런데도 사람들은 이 과일을 갈망한다. 심지어 서구에서도 찾아볼 수 있는데, 특히 동남아시아계 주민이 많이 사는 도시에서 그렇다. 중국인 아내와 살고 있는 동료가 나를 초대해 두리안 룰라드(roulade) 요리를 대접한 적 있는데 이때 처음 먹어봤다. 한 입 베어 문 것은 맛이 어떨까라는 호기심 때문이었고, 그다음에는 나를 초대해준 부부에게 예의 바르게 행동하려고 접시를 깨끗하게 비웠다. 나는 두리안의 친구는 되지 못했다.

하지만 독특한 미식의 탐험을 하려고 동남아시아를 여행할 필요는 없다. 내 눈에 이 과일보다 훨씬 더 끔찍한 '별미'가 북유럽에 있는 까닭이다. 바로 '수르스트뢰밍(surströmming)'인데, 이는 스웨덴의 별미로 '신맛의 청어'라는 뜻이다. 발트해에서 잡은 청어를 소금물에 담가놓으면 청어가 발효하기 시작하는데, 발효 과정이 끝나기 전에 청어를 소금물과 함께 통조림으로 만드는 것이다. 발효가 계속되면서 캔이 터질 지경이 되는데, 말하자면 통조림이 부풀어오른다. 부풀어오른 통조림은 내용물이 상했다고 가르쳐준 이는 나의 어머니다. 하지만 이 같은 경고는 대부분 "썩고 끔찍한 냄새가" 난다고 말하는 스웨덴의 별미에는 맞지 않는다.

몇 년 전 스톡홀름에 머문 일이 있었는데 그때 슈퍼마켓에 갔다가 통조림 하나를 구입했고, 고향 남티롤에 돌아가 어머니에게 주었다. 스웨덴의 별미를 가져왔다고 하자 어머니는 매우 기뻐했다. 하지만 이 스웨덴 별미의 '명성'에 대해 말했을 때, 어머니는 집 안이 아니라 근처에서 통조림을 열어달라고 부탁했다. 다행스럽게도 내 동생이 마침 그릴 파티를 열었고, 나도 초대를 받아 가게 되었다. 모든 손님이 그릴 주변에 모여들었으나, 나는 둘째 동생과 함께 집 뒤로 가서 조심스럽게 통조림을 땄다. 물론 우리는 통조림 내용물이 압력을 받은 상태라는 생각을 하지 못했다. 통조림 따개가 구멍을 뚫자마자, 소금물이 밖으로 튀어나왔지만 우리 몸을 덮치지는 않았다.

　그 순간 통조림에서 짐승 같은 악취가 뿜어져 나왔고, 솔직히 나는 죽음의 냄새가 바로 이러지 싶었다. 이보다 더 쉽게 비유하자면 통조림에서 초여름에 닫혀 있는 하수구 냄새가 났다. 마침내 우리는 수르스트뢰밍의 화려한 모습을 보았다. 그러니까 형용할 수 없는 청어 조각들이 회갈색 육수에 둥둥 떠다니고 있었다. 가장 끔찍했던 것은 통조림에서 마구 뿜어져 나오는, 흑사병에서 날 법한 악취다. 맛은 두려워했던 만큼 형편없지는 않았다. 숙성 치즈에 아주 가까웠고, 물론 즐길 만한 수준은 아니었으며 상당한 인내심을 가지고 먹어야 하는 맛이었다. 수르스트뢰밍을 맛본 나의 경험은 여기서 끝나지 않았다. 내 위에서도 발효가 계속 진행되었던 것이다. 먹고 난 뒤 24시간 동안 나는 자주 트림을 했고 그때마다 수르스트뢰밍 냄새가 내 주변으로 퍼져나갔다. 다음 날 아침, 제멜 롤빵을 사러 빵집에 들렀을 때도 그랬다. 다른 손님들이 도대체 이게 무슨 악취인지 알아내려고 두리번거리기 전에, 나는 서둘러 값을 치르고 가게를 급히 빠져나왔다.

　과일 두리안과 수르스트뢰밍은 우리에게는 특이한 미식가의 음식일 수 있다. 하지만 우리에게는 지극히 정상이지만, 다른 문화에서는 독특하게 간주하는 선호식품이 있다. 그런 예가 치즈다. 치즈는 시큼하고 응고된 우유와 다를 게 없지만, 그래서 상한 우유라고도 할 수 있다. 여름에 깜빡 잊고 자동차 안에 치즈를 둔 사람은, 치즈 냄새가 좋지는 않음을 인정할 수 있다. 우리는 카망베르 치즈, 아펜

첼러 치즈 등에 기꺼이 많은 돈을 지불하지만, 유제품을 적게 또는 전혀 소비하는 않는 문화에서는 치즈를 잘 즐기지 못한다. 세계화를 통해 많이 변하기는 했지만, 불과 몇 년 전만 해도 일본에서 향이 훌륭한 치즈를 발견하기는 매우 어려웠다.

냄새 선호도는 우리가 해당 냄새에 이미 노출되었느냐와 상관이 있다. 사람들은 시간이 가면 새로운 향에 익숙해지고 좋아하는 법을 배운다. 그러나 흔히 냄새를 극복하는 과정도 필요한데, 처음 접했을 때가 그렇다. 아이에게 새로운 음식을 먹어보라고 권해본 사람이라면 얼마나 어려운지 잘 알 것이다. 새로운 것을 싫어하는 네오포비아에 대해서는 1장에서 언급했는데, 이런 현상은 "농부는 모르는 것은 먹지 않지"라는 속담을 반영한다. 이런 방식은 하나의 종이 생존하는 데 있어서 매우 의미심장하다. 다시 말해, 과거에 먹을 수 있다고 증명된 것만 먹어야 한다는 말이다. 무수히 많은 식품이 나오는 지금 같은 시대에 우리는 오히려 여러 종류를 다양하게 섭취하고자 하며, 그래서 새로운 것에 대해 두려워하는 성향은 덜 중요해졌고, 부모들은 편식하지 않도록 여러 가지를 아이들에게 먹여야 하니 부담이 될 수밖에 없다.

앞으로도 아이들에게 브로콜리, 시금치 및 그런 비슷한 음식을 먹어보라고 권장하는 일은 여전히 어려울 텐데, 이런 채소들은 쓴 성분이 많이 포함돼 있어서다. 또는 질감 때문에 거부하는 버섯도 있다. 다른 식품들의 경우 서서히 적응되며, 점차 익숙해지는 방법은 놀라울 정도로 효과가 좋다. 어른들의 경우 훨씬 더 단순한데, 우리는 스스로를 설득할 수 있기 때문이다. 샐러리 즙이 건강에 좋다거나 엉겅퀴에는 우리에게 중요한 비타민 B가 들어 있다고 설득할 수 있다. 아이들은 그 같은 설득에 잘 넘어가지 않는다.

우리는 왜 많은 냄새를 좋아하고 또 다른 많은 냄새를 싫어할까

우리가 어떤 향이나 냄새를 좋아하는지 싫어하는지, 우리가 향기로 받아들이는지 악취로 간주하는지는 무엇에 달려 있을까? 여기에는 여러 요소가 작용한다. 즉, 화학적 구성 성분, 농도, 냄새에 대한 우리의 기대와 경험.

화학적 구성 성분

이 요소는 가장 간단하게 이해할 수 있다. 황 화합물을 포함하는 성분들은 흔히 썩은 계란 냄새가 난다. 벤젠고리를 포함하는 화합물은 이와 반대로 좋은 꽃 향이나 과일 향이 난다.

분량이 유독물을 만든다

하지만 구성 성분이 모든 것을 설명해주지는 못한다. 실제로 우리는 농도가 짙은 방향물질을 불쾌하게 받아들인다. 이는 바로 전에 향수를 엄청 뿌리고 엘리베이터에 같이 탄 사람일 수도 있고, 강렬한 향이 나는 양초일 수도 있으며 그 밖에도 많다. 사실 원래 향은 좋지만, 농도가 너무 진해서 오히려 불쾌하고 코를 찌르며 너무 독하게 느껴지는 것이다. 우리는 또 다른 각도에서 비슷한 점을 발견할 수 있다. 다양한 성분이 매우 불쾌한 냄새를 지니지만, 농도를 완전히 줄이면 좋다고 느끼고 심지어 향수 제조에도 쓰인다.

향수를 조합할 때 조향사는 세 가지 성분을 결합한다. 첫 번째는 탑 노트(top note)다. 대체로 매우 휘발성 강한 향료이며, 피부에 뿌린 뒤 곧장 인지할 수 있다. 두 번째는 미들 노트(middle note)다. 탑 노트의 향이 사라지면 대부분 다양한 꽃향기로 이루어진 향이 퍼지게 된다. 마지막은 가장 오랫동안 지속되는 베이스 노트(base note)다. 이 향은 무겁고, 오래 지속되는 향으로 이루어진다. 무엇보다 베이스 노트로는 동물들의 분비물이 사용되는데, 원래는 매우 불쾌한 냄새가 나는 성분이다.

용연향(ambergris)은 향유고래의 장에서 소화가 덜 된 음식 찌꺼기인데, 고래가 토하거나 똥으로 배출된다. 무게가 몇 킬로그램에 달하는 용연향 덩어리는 바다에 떠다니기에 거기서 구할 수 있다. 왁스 형태의 이 성분은 배설물 냄새와 바닷물 냄새가 나고, 희석해 향수로 조합하면 마른 나무 냄새와 담배 냄새를 풍긴다. 오늘날에는 암브록산(ambroxan) 같은 인공 재료가 이를 대신한다. 또 다른 예는 사향(musk)이다. 사향노루는 염소와 친척으로 아시아의 산에 서식한다. 천연 사향은 수컷 사향노루의 사향주머니에서 얻을 수 있는데, 수컷의 음경과 배꼽 사이에 있는 사향주머니에 사향 분비선(腺)

이 있고 이를 말린 것이 사향이다. 사향노루의 경우 이 성분은 짝짓기하는 동안 성욕을 증가시키는 작용을 하며, 사람의 경우에도 비슷한 효과가 있다고 한다. 희석하지 않으면 사향은 똥과 동물 냄새가 나지만, 희석해서 향수에 넣으면 동물적이고 달콤한 향을 선사한다.

또한 특정 고양이도 비슷한 성분을 만들어낸다. 무엇보다 수컷 사향고양이는 항문 밑에 있는 선(腺)에서 걸쭉한 분비물을 만들어내는데, 이 분비물은 영역 표시에 쓰인다. 사향고양이가 만든 이 분비물 성분은 불쾌한 썩은 냄새를 풍긴다. 향수를 만들 때는 희석해서 사용하며, 그러면 좋은 가죽 냄새가 나고 사향노루의 경우와 비슷한 향이 난다. 해리향(castreum)은 비버에게서 나오는데, 향수로 제조할 때는 아주 진하게 희석해 사용한다. 식품의 천연 향료로도 조금 사용되며, 식품에 첨가하면 딸기향이 난다.

이 모든 물질에는 오늘날에도 여전히 성욕 증가 효과가 어느 정도 있다. 이들 물질은 매우 비싸며 요즘은 동물을 보호한다는 이유로 대부분 인공 재료로 대체하고 있다. 이러한 예들은 방향물질의 농도가 냄새를 인지할 때 선호도를 어떻게 바꾸는지 보여준다. 대부분의 방향물질은 너무 농도가 짙으면 불쾌하게 만들지만, 대부분의 악취도 희석해 소량만 사용하면 좋게 느껴질 수 있다.

심리적 요소: 우리의 기대치

그러나 화학적 구성 성분과 농도만 냄새 인지에 영향을 주는 요소는 아니다. 또 다른 요소는 바로 우리 자신인데, 냄새에 대한 기대치도 중요하다. 심리학은 우리가 냄새에 대해 어떤 기대를 하는지에 따라 냄새 인지가 달라질 수 있음을 보여준다. 나의 연구팀은 대학생들을 상대로 한 가지 연구를 진행했다. 우리는 우선 가문비나무 잎, 향나무, 캐러웨이, 치즈 등에서 다양한 냄새들을 선택했다. 각각의 냄새에 두 가지 표시를 했는데, 하나는 긍정, 다른 하나는 부정 평가였다. 예를 들어 치즈 향에 대해 '파르메산 치즈'와 '구역질 나는'이라고 표기했고, 캐러웨이에는 '인도 음식'과 '더러운 빨래'라고 표기했다. 첫 번째 단계에서 우리는 냄새에 대한 핵심어가 어울리는지 조사했다. 그러자 실제로 조사 대상자들은 그렇다고 인정했다. 다시 말해, 대학생들은 우리가 치즈 향에 대해 표기한 '파르메산 치즈'뿐 아니라 '구역질 나는'이라는 표현도 매우 적절한 묘사라고 보았다.

이어 두 번째 연구 단계를 시작했다. 즉, 우리는 총 50명의 참여자에게 냄새 검출 역치(odor detection threshold: 인지할 수 있는 최저치의 냄새—옮긴이)를 조사한다고 알렸다. 이런 통지를 함으로써 참여자들이 냄새의 정체에 집중하는 것을 방지하고자 했다. 그래서 예를 들어 우리는 "파르메산 치즈 냄새를 인지하는지 말해주세요"라고 말했다. 그런 다음 우리는 치즈 향을 내포하고 있거나 아니면 아무 향도 없는 공기를 기계를 통해 주입했다. 참여자 모두 정상적 후각을 가지고 있었기에 다 치즈 향을 인지할 수 있었다. 그런 다음 우리는 참여자들에게 부수적으로, 그들이 인지한 냄새가 얼마나 좋으며 어느 정도 먹을 수 있는지 물었다. 이들은 파르메산 치즈를 기대했을 때 냄새가 좋고 먹을 만하다고 했다. 그러나 실험하는 동안 나중에 같은 방향물질을 제공하자, 이들은 구역질 나는 냄새가 난다고 했고, 향이 아주 불쾌하며 전혀 먹을 수 없다고 대답했다. 다른 방향물질을 쓴 실험에서도 같은 결과가 나타났다.

실험이 끝난 뒤 우리는 실험 대상자들에게 얼마나 다양한 향기를 인지했는지 물었다. 대부분은 우리가 같은 방향물질을 두 번, 그러니까 한 번은 긍정적으로, 다른 한 번은 부정적으로 표현하며 제공했다는 사실을 몰랐다. 우리의 설명을 들은 뒤에도 참여자들은 믿을 수 없어했다. 이는 우리의 기대감이 후각적 인지를 얼마나 강력하게 바꿀 수 있는지 보여주는 좋은 예다. 우리는 이를 손쉽게 상상할 수 있다. 내가 레몬 냄새를 맡을 때 "레몬 향이네"라는 말이 들리면, 그것이 '시트랄(citral: 레몬 향 액체—옮긴이)'임을 알게 되었을 때보다 냄새가 훨씬 더 상큼하다고 여긴다. 게다가 그 방향물질이 '다이메틸옥타디에날(Dimethyloctadienal)'이라고 소개되면, 나는 아마도 움찔하며 뒤로 물러나 독한 화학 성분이라 여길 것이다. 그런데 알고 보면 이런 표기는 모두 같은 것인데, 레몬 향 시트랄을 화학적으로는 다이메틸옥타디에날이라 표기하는 까닭이다.

나는 이러한 효과를 직접 경험해보기도 했다. 앞의 연구를 하던 기간에 나는 매일 자전거를 타고 재활용-센터를 지나갔다. 때는 여름이었고 나는 그곳에서 달콤하면서도 썩은 듯한 냄새를 맡을 수 있었다. 이 냄새는 꽤나 강했고 상당히 불쾌했는데, 재활용-센터에서 비료로 쓸 쓰레기가 썩어가나 보다 여기고 더 깊이 생각하지 않았다. 그런데 어느 금요일 저녁에 친구가 바비큐 파티에 나를 초대했고, 이 파티를 위해 탁월한 맥주를 준비해두었다고 했다. 나는 어디서 그 맥주를 만드는지 물었고, 친구는 내가 사는 집과 그리 멀지 않으며 재활용센터 바로 근처 양조장이라고 답했다. 그제야 나는 눈이 번쩍 뜨였다. 내가 자전거를 타고 가면서 심히 불쾌하다고 느꼈던 냄새는 재활용센터가 아니라 길 건너편에 있던 양조장에서 났던 것이다. 내가 맡았던 냄새는 썩은 채소가 아니라 발효 중인 맥아였다. 그때부터 그 냄새가 아주 좋게 여겨졌다. 과거에 그곳을 지나갈 때면 나는 입으로 숨을 쉬려고 했던 반면, 이제는 코로 깊이 숨을 들이마신다. 특히 퇴근길이면 저녁 먹으며 즐길 맥주를 상상하면서 말이다.

좋은 경험과 나쁜 경험

앞에서 언급한 세 가지 요소로 모든 것을 설명할 수는 없다. 어떤 식품을 먹고 나서 속이 좋지 않았던 경험이 있는 사람이라면 그 식품 냄새를 맡는 것이 얼마나 불쾌한지 잘 알 것이다. 여기서 강력한 조건화가 등장하며 식품 냄새는 메스꺼움과 떼려야 뗄 수 없을 정도로 밀접하게 연관된다. 우리가 하나의 냄새를 어떤 긍정적 상황과 연관 지으면, 이 냄새는 시간이 지나면서 좋은 냄새로 인지될 수 있다. 다른 맥락에서 이 현상을 설명할 수도 있다. 공장에서 일하며 냄새를 직접 만들어내는 사람은 이 냄새에 노출된 이웃에 비해 이 냄새를 훨씬 덜 불쾌하게 여길 것이다. 노동자에게 이 냄새는 매일 먹을 빵을 제공하는 일이며, 그래서 좋게 인지하는 것이다. 이와 달리 이웃은 냄새를 성가시게 여기거나 위험하다고 보고 불쾌하게 받아들일 수 있다.

뇌 속에서의 불쾌감

뇌는 어떻게 냄새를 '좋다'거나 '불쾌하다'고 판단할까? 특별히 그렇게 인지하도록 반응하는 수용체가 전혀 없는데 말이다. 그러나 뇌의 특정 영역이 그 같은 임무를 맡는다. 바로 앞에서 언급한 바 있는 편도핵이다. 이 영역은 포유류의 경우 두려움과 부정적 감정을 담당한다. 또 다른 영역은 대상회(Gyrus cinguli)다. 이 같은 뇌피질 영역은 예를 들어 고통을 느끼거나 역겨운 장면을 보면 부정적 감정을 활성화한다. 만일 우리가 어떤 냄새를 부정적으로 평가하면, 대부분 편도핵이나 대상회가 활성화된다.

이는 우리의 후각이 얼마나 심리에 좌우되는지 보여준다. 우리는 주변에서 나는 냄새를 거의 제어할 수 없다. 하지만 냄새의 원천에 대한 생각은 바꿀 수 있다. 냄새에 대한 생각을 달리하면 우리의 인식도 바뀐다는 말이다. 우리가 어떤 냄새를 매우 긍정적인 생각으로 채우면, 이 냄새를 좋다고 인식하는 게 훨씬 수월해진다. 그래서 다른 나라로 여행을 가면, 낯선 음식을 긍정적으로 여길 필요가 있다. 이를 통해 냄새와 향이 더 좋아지고 우리는 휴가를 더 즐길 수 있을 테니까.

일상 속 제안

다음에 휴가를 가면 적어도 여러분이 평생 해보지 않았던 두 가지를 시도해보기 바란다. 이국적일수록 좋다. 친숙한 냄새와 새로운 냄새를 의식적으로 맡아보고 들이마시라. 특별히 좋아하는 냄새가 있는가? 고약한 냄새가 있는가? 그 고약한 냄새에 긍정적 의미를 부여한 다음, 편안하게 느껴지는지, 아니면 아주 좋게 여겨지는지 다시 냄새를 맡아보라. 이 실험을 끈기 있게 지속하기 쉽지 않겠지만, 몇 주에 걸쳐 이 냄새를 인식하는 데 있어 변화가 느껴지는가?

04

체취

혼동할 수 없고 대체 불가능한

이 장에서 알아볼 내용

우리의 체취는 지문처럼 개별적이다.

무엇이 체취에 영향을 주는가.

신생아 냄새는 어떻게 인지하는가.

어떻게 후각은 갓난아이와 애착관계를 맺게 도와줄까

특히 첫 아이의 탄생은 부모에게 어마어마한 경험이다. 아이가 태어난 지 며칠 만에 부모의 삶은 송두리째 뒤바뀐다. 갑자기 아주 작은 사람이 어머니와 아버지의 거의 모든 관심을 요구하니 말이다. 그러니 어쩔 수 없이 수면 리듬도 완전히 달라진다. 부모는 더 이상 자신이 원하는 시간에 잘 수 없고, 잘 수 있는 시간에만 자야 한다. 신생아와의 상호작용 역시 상대적으로 제한적이다. 갓난아이가 잠을 자는 때가 아니면 젖을 먹여야 하고, 잠도 안 자고 젖도 먹지 않는 시간이면 기저귀를 갈아줘야 한다. 자연히 아이가 실제로 주변 및 부모와 대화를 나눌 수 있는 순간은 지극히 적다. 그런데도 대부분의 젊은 부모는 아이의 출생이 가장 아름다운 체험이고 그 아이가 자신들의 삶에서 가장 중요한 사람이라고 말한다. 바로 그 같은 이유로 부모는 자식을 그토록 잘 돌보려 하고 삶의 질이 크게 침해당하더라도 받아들이는 것이다. 인간이라는 종의 생존능력 차원에서 보면 부모와 아이의 애착관계는 이른 시기부터 강력하게 구축되는 게 중요하다. 대부분의 다른 포유류와는 반대로 인간은 태어날 때 생존능력이 매우 제한되어 있다. 인간은 스스로 음식을 섭취하고 움직이고 대화를 나누기까지 몇 달에서 몇 년이 걸린다. 그래서 진화는 생존능력이 뒤떨어진 인간을 위해 다양한 메커니즘을 마련해두었다. 이를테면 부모(특히 어머니)가 신생아와 강력한 애착관계를 형성하게 하는 메커니즘도 있다. 이때 애착관계는 일방적이 아니라 양방향으로 형성된다.

신생아의 최초 과제는 영양분과 안전한 느낌을 제공하는 원천, 즉 어머니를 알아보는 일이다. 조금 나이가 든 아이들과 어른들이 누군가를 알아보고자 하면, 그 사람을 눈으로 바라보면 된다. 실제로 우리 인간은 얼굴을 알아보는 데 가히 전문가라고 할 만하다. 물론 얼굴을 알아보기 어려울 때도 있지만 말이다. 예를 들어 우리는 군중 속에서 친구나 어머니의 얼굴을 매우 빠르게 잘 알아본다. 그러나 신생아는 시각을 이용할 수 없다. 신생아는 매우 심각한 원시(遠視)라서 색깔을 알아보지도 못하고 대부분 어느 정도는 사시(斜視)다. 시각은 시간이 지나면서 점차 성숙해져 학교에 들어가기 전인 여섯 살 무렵이면 완성된다. 어른이 갓난아이 침대에 몸을 숙이면, 아이는 오로지 자신의 얼굴 가까이 다가온 그림자만 알아볼 수 있다.

시력과는 반대로 신생아의 다른 감각들은 일찌감치 많이 발달해 있다. 그래서 아이는 언어를 이해하기 훨씬 전부터 들을 수 있다. 갓난아이의 뇌는 낯선 억양과 사투리에 다양하게 반응하는데, 이는 아이가 이미 여러 언어와 사투리를 구분할 수 있다는 의미다. 또한 목소리를 바탕으로 사람들을 알아본다. 그렇듯 갓난아이는 어머니의 목소리를 들으면 다른 여자의 목소리와는 다른 반응을 보인다. 어머니 목소리는 신생아를 진정시키는 효과가 있다. 또한 후각도 잘 발달해 있다. 이미 모태 속에서 후각점막의 신경세포들은 양수 속에 포함된 다양한 화학물질에 노출된다. 태아는 여성마다 특수하고 독특하게 조합되는 양수의 성분을 통해 어머니 냄새에 익숙해진다. 어머니의 체취는 더 밀접히 접촉하거나 젖을 주거나 아이를 안으면 더 강력해진다. 어머니의 체취가 아이에게 진정 효과가 있다는 사실은 널리 알려져 있다. 많은 아버지는 어머니가 없는 동안 우는 아이에게 어머니가 입던 옷, 예를 들어 속옷을 아이 곁에 두면 잘 달랠 수 있다는 사실을 안다.

그러나 아이는 모태 속에서 어머니의 체취를 알아차리는 법만 배우지는 않는다. 양수의 구성 성분은 영양 공급의 영향을 받는다. 만일 임산부가 마늘을 먹으면, 마늘에 들어 있는 향의 일부가 태반을 통해 양수에 들어가 태아는 그 향기를 맡는다. 이때 태아는 이 향기를 '배우고' 그 향을 선호하게 된다. 동일한 현상이 임신기간이 끝나고 모유를 먹일 때도 나타난다. 모유의 구성 성분은 어머니가 어떤 영양분을 섭취하느냐에 따라 바뀐다. 만일 어떤 어머니가 임신기간 동안 당근을 많이 먹었다면, 아이가 태어나서 죽을 먹어도 되는 시기에 이르면 아이는 당근죽을 좋아하게 된다. 만일 어머니가 미나리를 먹었다면, 아이는 미나리죽을 잘 먹게 되는 것이다. 이는 우리가 이미 어머니 몸속에서 냄새와 향을 인지하고 구분할 수 있다는 뜻이다. 따라서 특정 향을 선호하는 행동은 매우 일찍부터 개발된다. 따라서 어머니들은 전체 임신기간 동안 건강한 식습관을 유지하는 게 중요하며, 특히 출산 전 마지막 3분의 1 기간의 식습관은 아이가 태어난 뒤 어떤 음식을 선호하는지 결정한다.

개인의 체취는 어떻게 생겨날까

우리는 개인마다 다른 체취를 서로 맡는다. 개별 체취는 겨드랑이와 항문 및 성기가 있는 부분에 있는 특수한 땀샘, 이른바 분비물이 나오는 아포크린샘〔apocrine sweat gland: 아포크린한선(汗腺) 또는 대한선(大汗

腺). 일반적인 땀을 분비하는 곳은 전신에 분포한 에크린샘(eccrine gland, 소한선)이다─옮긴이)에서 기인한다. 등과 얼굴, 손에 있는 땀샘이 체온과 전해질 함량 조절을 위해 약간 소금기 있는 땀을 분비하는 것과는 대조적으로, 아포크린샘은 대체로 개별 체취가 담긴 향기 성분 칵테일을 만들어낸다. 우리는 모두 지극히 특수한 체취를 가지고 있으며, 오로지 일란성 쌍둥이만 동일한 체취를 가진다.

또한 냄새는 영양 섭취에 따라 달라지며 카레와 마늘 같은 식재료의 영향을 받을 수 있다. 이 같은 향기 성분 전체는 이어서 우리 피부에 있는 박테리아로 인해 변한다. 따라서 독특한 땀 냄새는 아포크린샘의 향기 칵테일 때문이라기보다 오히려 박테리아가 분해한 결과라고 할 수 있다.

수사에 이용되는 체취

모든 사람은 저마다 체취가 다르므로 경찰은 범죄 혐의자의 정체를 확인할 때 체취를 이용한다. 체취를 연구하는 범죄학 분야가 이른바 체취학(odorologie)이다. 한 번 확보하면 사진 찍고 복사도 할 수 있는 지문과 달리, 냄새는 그 견본을 보관할 수 있지만─과거 동독의 비밀경찰들은 반체제인사들의 체취를 모아둔 데이터뱅크가 있었다─냄새 견본을 복제하는 기술은 존재하지 않는다. 체취 견본을 인지하고 비교하기 위해 투입하는 전문가가 있는데, 바로 개다. 체취 인지 훈련을 받은 경찰견도 있다. 이 경찰견에게 범행 장소에서 얻은 냄새 견본을 혐의자의 체취 견본과 비교하게 한다. 만일 개가 짖으면, 해당 인물이 범행에 참여했다고 볼 수 있는 간접증거가 된다. 헝가리에서는 체취학을 널리 활용하고 개 훈련도 아주 뛰어나, 개가 짖는 행동도 법정에서 증거로 간주된다.

우리의 체취: 흔히 원치 않는 냄새이고, 바뀔 수도 있지만, 유일무이한

자신과 다른 사람들의 체취를 알아보기 위해 우리가 굳이 냄새 탐지견이 될 필요는 없다. 무엇이 좋고 무엇이 불쾌한지는 사람이 어디에 사는지에도 달려 있다. 그러니까 문화적 조건이 중요하다. 예를 들어 유럽에서 나는 땀 냄새는 받아들일 만해도, 북아메리카에서는 불쾌감을 느낄 수 있다. 그러나 기본적으로 서구 문명에서는 알아차릴 수 있고 인지할 수 있는 체취는 원치 않는 냄새로 받아들인다. 여기서 체취는 사회적 기능을 한다. 그러니까 누구의 체취는 맡을 수 있고 누구는 그렇지 않은지 정해진다. 과거에는 체취를 더 잘 받아들였다. 나폴레옹은 조세핀에게 전령을 보내, 자신이 사흘 뒤 돌아가니 씻지 말라고 당부했다. 오늘날 우리는 몸을 자주 씻어 냄새를 최소화하려고 한다. 또한 땀 냄새를 줄이려고 제취제와 향수를 사용한다. 몸 냄새를 덮기 위해 애프터쉐이브 로션, 화장수 등을 사용한다. 또한 우리 옷과 침구도 향이 들어간 세제와 섬유유연제로 세탁하는데, 이 모든 것은 누구도 우리 체취를 알아차리지 못하게 할 의도에서 나온다.

온갖 화학에도 불구하고 우리는 몸 냄새를 완전히 숨기는 데 성공하지 못한다. 우리는 하루 종일 자기 체취에 노출돼 있기에 너무 익숙하고, 그래서 심각할 정도로 강한 경우에만 자기 냄새를 맡는다. 화장의 경우와 비슷하다. 그러니까 우리는 화장을 통해 얼굴을 완전히 바꿀 수 없지만, 특별히 아름다워 보이는 부분을 강조하고 사소한 흠을 감출 수는 있다. 화장하는 행동과 비슷하게 우리는 향수로 체취를 바꾸려고 한다. 남성적이거나 여성적인 것을 선호하고, 더 세거나 사랑스러워 보이고자 하고, 가문비나무나 재스민 향이 나기를 원한다. 향수는 어떤 특징을 두드러지게 할 수는 있지만, 체취를 완벽하게 지배하지는 못한다. 우리 모두는 향수를 과도하게 사용해서 냄새를 구름처럼 몰고 접근하는 사람들을 안다. 이런 사람들의 경우 자기 체취에 대한 반응과 비슷해진다. 그러니까 이들은 향수에 익숙해져 스스로 자기 향수 냄새를 맡지 못하는 것이다.

또한 특정 질병은 체취를 바꾸어놓는다. 극단적인 예로 생선냄새 증후군(trimethylaminuria)을 꼽을 수 있다. 이처럼 태어나면서 드물게 나타나는 신진대사 질환이 있으면 신체 자체의 효소 FMO3가 제대로 작동하지 않는다. 그 결과 오래된 생선 냄새가 강하게 나는 것이다. 특히 환자의 소변과 땀에서 그리고 숨쉴 때 난다. 그래서 환자는 다른 건강상의 문제가 없어도 오래된 생선에서 나는 강한 체취를 풍긴다. 적절한 다이어트와 약을 통해 몸 냄새를 줄일 수는 있다. 또한 자주 나타나는 다른 질환도 전형적인 체취와 연관 있다. 만성 신부전의 경우 신장이 제대로 작동하지 않아 신진대사 분해산물이 줄어들거나 더 이상 배출되지 않는다. 이로 인해 건강한 사람의 전형적인 소변 냄새를 나게 해주는 성분들, 예를 들어 요산과 요소, 크레아티닌이 혈액에 풍부해진다. 이 성분들은 환자의 모든 조직으로 침투한 다음 땀으로 배출된다. 그래서 만성 신부전 환자들은 질병이 많이 진행된 단계가 되면 전형적인 소변 냄새를 풍긴다.

또 다른 예를 들어보자. 심각한 당뇨병 환자의 경우 신체는 인슐린 부족으로 인해 혈당을 제한적으로만 이용할 수 있다. 그 결과 에너지원으로 지방을 태우게 된다. 이로 인해 혈액에 이른바 케톤체(ketone body)가 풍부해지는데, 이는 한편으로 혈액의 pH 수치를 생명을 위협할 수준으로 내리고, 다른 한편으로 들숨과 날숨을 통해 배출된다. 케톤체는 호흡할 때 독특한 과일향의 아세톤향이 나는데, 매니큐어 제거제와 비슷한 향이다. 박테리아에 의한 편도선염이나 질염(膣炎) 같은 감염질환에도 전형적인 냄새가 있다.

이처럼 전형적인 냄새를 동반한 질병 대부분은 오래전부터 잘 알려져 있다. 다른 포유류들도 다른 개체의 건강 상태를 몸 냄새로 탐색한다. 최근 연구에 따르면 인간도 마찬가지다. 만일 감기나 독감 같은 전염병에 걸리면, 우리 체취는 감염된 지 몇 시간 만에 바뀐다. 실제로 열이 나는 환자가 누워 있는 방에서도 다른 냄새가 난다. 환자의 체취는 불쾌감을 유발할 뿐 아니라, 주변에 대한 인지 방식도 바뀌버린다. 예를 들어 우리가 환자 냄새에 노출되면, 사진 속 얼굴들을 덜 예쁘다고 생각한다. 진화의 측면에서 보면 그 같은 메커니즘은 상당히 의미심장한데, 이런 메커니즘 덕분에 우리는 환자들을 멀리해 감염을 피할 수 있는 까닭이다. 장기적으로 보면 이는 개체의 생존 기회를 높이고 나아가 종 전체의 생존 기회도 높인다.

하지만 질병은 우리의 체취를 바꿀 뿐 아니라, 호르몬에도 영향을 미친다. 만일 우리가 공포를 느끼면, 땀의 구성 성분이 바뀐다(이른바 공포땀(Angstschweiss: 우리말에 '식은땀'이라는 표현이 있다—옮긴이)이다). 만일 다른 사람이 이런 땀 냄새에 노출되면, 그 사람 역시 공포를 느낀다. 대학생들에게 낙하산을 메고 공중에서 뛰어내리는 공수부대원의 땀 냄새를 맡게 하자 심한 공포심을 느낀 실험 사례를 통해 과학자들은 그런 사실을 증명했다. 그리고 교수라면 누구나 시험을 치르는 강의실 냄새를 잘 알 것이다. 청소년, 특히 남자 청소년들이 사춘기가 되면 체취도 바뀌는데, 그러면 부모는 자식에게 이전보다 더 엄격한 새로운 위생 규칙을 가르쳐야 한다.

호르몬과 후각

호르몬은 우리 체취에만 영향을 주는 게 아니라, 우리가 냄새를 어떻게 인지하는지에도 영향을 준다. 젊은 남자들은 남자들의 땀에 둔감한 편이다. 그런데 사춘기 전에는 소년과 소녀 모두 성인 남자의 땀을 잘 인지한다. 반면 사춘기 이후 남자들은 땀 냄새를 인지하는 데 어려움을 겪는다.

생리 주기 역시 냄새 인지에 영향을 준다. 배란기에는 나머지 생리 기간에 비해 남자들의 땀을 덜 불쾌하게 받아들인다. 피임약에 포함된 호르몬은 체취 인지에 변화를 가져온다. 그래서 일부 여성의 경우, 아이를 낳고 싶어 피임약을 끊었다가 남편 체취가 너무 불쾌한 나머지 아이를 낳고 싶은 마음마저 사라졌다는 사례도 있다.

갓난아이의 달콤한 향기

우리에게 멀리 떨어지라고 경고하는 냄새가 있다. 그러나 우리가 가까이 가고 싶은 체취도 있을까? 사람 사이의 애착관계 구축에 도움이 되는 체취도 있을까? 이런 관계는 매우 중요하며, 특히 갓난아이의 경우에 그렇다. 신생아는 주변의 보살핌에 100퍼센트 의존한다. 갓난아이의 체취는 어머니와 아이 사이의 밀접한 애착관계를 형성하는 데 도움이 될까?

우리는 이 질문을 과학적 연구로 알아보고자 했다. 이 연구에 스웨덴·독일·프랑스·캐나다 출신 과학자들이 함께 참여했다. 우리는 이 연구에 임할 때 어머니와 자식이 애착관계를 맺는 데 체취가 어떻게 영향을 주는지에는 그다지 관심을 갖지 않았고, 보편적으로 신생아의 체취에 주목했다. 그러기 위해 우선 신생아의 체취를 확보해야만 했다. 우리는 분만실의 부모들에게, 아이가 태어난 뒤 이틀 동안 특수한 파자마를 입혀도 될지 물어보았다. 이 파자마는 실험 전에 냄새가 나지 않는 세제로 세탁했으며, 그래서 다른 냄새가 묻어 있을 수 없었다. 갓난아이들이 이틀 동안 입어 냄새가 묻은 파자마를 영하 80도에서 얼렸다. 냄새를 보존하기 위해서다.

그런 다음 우리는 젊은 어머니들을 찾아 나섰다. 갓난아이들의 체취가 어머니 뇌에서 어떻게 처리되는지 알고 싶었다. 다른 자식이 없으며 처음 어머니가 되는 여자들이어야 했다. 그 밖에 임신과 출산에 어려움이 없어야만 했다. 우리는 출산하고 몇 주 뒤 우리 연구에 참여할 젊은 어머니 15명을 찾았다. 그리고 이들과 비교할 대조군으로 젊은 여성 15명도 구했는데, 이들은 아이를 낳은 적이 없었다.

조사 실시 한 시간 전에 우리는 파자마를 녹였다. 그리고 자신들의 뇌가 후각에 어떻게 응답하는지 조사하도록 허락한 여성들을 MRI로 촬영했다. 이 여성들이 자기 자식의 체취가 아니라, 다른 아이들의 냄새를 맡도록 하는 게 중요했다. 그래서 모든 여성이 여러 신생아의 파자마 냄새를 맡도록 했다. 우선 우리는 냄새 평가의 차이를 조사했다. 두 그룹, 그러니까 어머니 그룹과 대조군은 냄새를 비슷하게 평가했는데, 옅으면서 좋다고 했다. 그런데 MRI 결과는 놀라웠다. 조사 대상 두 그룹의 뇌에서는 일반적으로 냄새를 맡을 때 활성화되는 뇌 영역에서 아무런 반응도 보이지 않았다. 이는 참으로 특이했는데, 조사에 참여한 이들 모두 냄새가 옅었지만 그래도 분명하게 인지했다고 했으니 말이다. 그래서 우리는 뇌의 다른 영역을 조사한 끝에 마침내 발견했다. 두 그룹의 뇌에서 보상을 담당하는 영역이 활성화되었다. 어머니들은 대조군의 여성들에 비해 훨씬 더 분명하게 활성화된 패턴을 보여주었다. 뇌의 이 영역은 보통 감각 자극을 통해 자극을 받지 않고 다른 자극에 반응한다. 즉, 배가 너무 고픈 순간에 음식을 먹거나 목이 마른 순간에 뭔가를 마실 때 이 보상 영역이 활성화된다. 마약 중독자가 마약을 복용하면 이 영역이 활성화되고, 성적(性的) 활동도 이 보상 영역을 자극한다.

이 연구결과는 분명했다. 신생아의 체취는 보편적으로 젊은 여성들의 보상중추를 자극하고, 아이가 없는 여성들보다 젊은 어머니들이 더욱 활성화된다. 따라서 어린아이의 체취를 인지하면 여성, 특히 어머니에게 보상 효과가 있는 것이다. 이 효과는 아이의 정체성과 무관하며 자기 자식에게만 한정되지도 않는다. 이러한 메커니즘은 여성이 신생아와 애착관계를 맺는 데 매우 중요하며, 특히 어머니가 아이와 애착관계를 맺을 때 중요하다. 따라서 우리 인간 종의 생존에 중요하며, 여성으로만 구성된 그룹에도 마찬가지다. 물론 어머니-아이라는 애착관계에서는 다른 많은 요소도 중요한 역할을 한다. 유감스럽게도 우리는 아버지들과 자식 없는 남성들을 연구에 동참시키지 못했다. 그런데도 이 메커니즘은, 왜 부모들이 육아 스트레스를 '견디며' 심지어 행복한지 설명해준다. 아이의 냄새는 마치 마약처럼 그들의 뇌에 작용하고 계속 더 원하게 만드는 것이다. 우리는 이를 다르게 볼 수도 있다. 그러니까 뇌의 보상중추는 마약의 효과를 위해서가 아니라 식량, 물, 섹스와 자손을 매력적으로 보이게 하려고 발달한 것이다. 그러나 마약도 매우 강력한 효과를 낸다.

연구를 끝낸 뒤 나는 나의 어머니에게 그 결과를 말해주었다. 어린 자식의 체취는 마치 마약처럼 어머니에게 작용하고 이를 통해 어머니와 자식의 밀접한 애착관계가 만들어진다고. 그러자 나의 어머니는 웃으며, 자신은 갓난아이에게서 닭고기 스프 냄새를 맡았다고 답했다.

일상 속 제안

가족이 입었던 티셔츠로 실험해보라. 셔츠 주인을 누가 가장 잘 맞추는가? 배우자나 아이와 오랫동안 떨어져 있으면, 이들이 그리워 잠을 잘 이루지 못하는가? 그들이 입었던 티셔츠를 침대에 두면 여러분은 믿을 수 있는 향기에 둘러싸여 훨씬 잘 잠들 수 있을 것이다.

페로몬

신화일까 사실일까

우리는 체취의 변화를 동반하는 대부분의 질병에서, 몸과 땀에 어떤 성분이 쌓이고 그래서 전형적으로 불쾌한 체취가 나게 된다는 사실을 안다. 그렇다면 다른 질문을 던져볼 수 있다. 보다 매력적으로 느끼게 하는 성분도 땀에 있을까? 이때 우리는 어쩔 수 없이 페로몬(pheromone)을 떠올린다. 페로몬은 다양한 동물에게서 자주 볼 수 있으며 지금껏 연구도 이루어졌다. 하지만 우리는 인간의 페로몬에 대해서는 아는 게 별로 없다. 페로몬은 화학 수용체를 통해 흡수되는 휘발성 성분이므로, 이 책의 범위에 들어간다. 하지만 페로몬이란 도대체 무엇일까?

페로몬

1950년대의 전통적 정의에 따르면 페로몬은 단분자성(monomolecular) 성분으로, 이는 단일한 화학 결합으로 이루어져 있다는 의미다. 페로몬은 한 개체가 주변 환경에 배출하고 같은 종에 속하는 두 번째 개체가 이를 받아들인다. 두 번째 개체에게 흡수된 페로몬은 특수하고도 전형적인 반응을 불러일으킨다. 그것은 행동 패턴일 수도, 신체적 발전일 수도 있다. 페르몬은 자신의 몸이 아니라 같은 종의 다른 유기체에게 작용하는 호르몬이라고 할 수 있다.

동물 세계에서의 페로몬

페로몬이라는 단어는 페레인(pherein, 고대 그리스어로 '전달하다'라는 의미)과 '호르몬(hormone)'의 조어다. 1959년 화학적 조합이 밝혀진 최초의 페로몬은 봄비콜(bombykol)이다. 이 성분은 누에나방의 암컷이 만들어낸다. 누에나방 애벌레는 비단을 생산하는 데 이용된다. 수컷은 아주 소량의 봄비콜도 감지할 수 있으며, 그래서 자신의 비행 방향을 변경해 암컷이 있는 곳으로 향한다. 이는 번식을 위해 매우 의미 있는 일인데, 암컷과 수컷은 흔히 멀리 떨어져 있기 때문이다.

이어서 다른 페로몬들도 발견되었고, 이 모든 페로몬이 성적 유혹을 위한 재료는 아니었다. 대부분의 페로몬은 곤충한테서 발견되었다. 잘 알려진 페로몬은 대부분 크게 두 그룹으로 분류된다. 우선 수신자의 행동을 유발하는 방출페로몬 또는 유발페로몬이 있다. 여기에는 성적 유혹을 담당하는 페로몬 외에도, 공격페로몬과 분산페로몬이 있다. 이런 성분들은 같은 종 다른 개체들의 전형적인 공간 행동 패턴을 유발하는 기능을 한다. 예를 들어 같은 곤충 종에 속하는 개체들은 해당 곤충 군체를 보호하기 위해 힘을 합친다. 분산페로몬은 인구과잉을 막기 위해 같은 종의 개체들을 쫓아내거나, 자신들의 영역을 표시한다. 흔적페로몬은 예를 들어 개미들의 경우 경로를 표시해준다. 한 마리의 벌이 방출한 징집페로몬은 다른 벌들에게 꿀을 찾으러 가자고 자극한다.

두 번째 그룹으로 프라이머(primer)페로몬이 있다. 이 페로몬은 수신하는 개체의 행동과 태도에 단기간 작용하는 게 아니라, 그 개체의 호르몬 관리에 개입해 장기적으로 영향을 미친다. 벌에서 그런 사례를 볼 수 있다. 여왕벌의 페로몬은 여왕물질이라 불리는데 다른 벌들에게서 난소가 발달하지 않게 방해한다. 그리하여 다른 여왕벌이 탄생할 수 없게 만드는 것이다. 하지만 여왕벌이 죽으면 여왕물질을 더 이상 방출하지 못하고, 다른 벌들 가운데 새 여왕이 나와야 하며, 이 새 여왕은 다시 자신만의 물질을 생산해낸다. 일벌과 부화된 새끼를 돌보는 벌들의 비율은 또 다른 페로몬을 통해 조절된다.

곤충의 다양한 페로몬은 많이 알려지고 서술되었지만, 포유류의 경우 그런 페로몬이 매우 드물다. 그래도 페로몬이 있기는 하다. 어떤 페로몬은 2003년 야생토끼에게서 발견되었다. 야생토끼가 낳은 새끼가 보금자리에 머무는 동안, 어미 토끼는 하루 종일 먹이를 구하려고 밖을 돌아다녀야만 한다. 어미는 새끼를 낳고 첫 2주 동안 새끼에게 젖을 주기 위해 매일 4~5분밖에 보금자리에 머물지 못한다. 새끼의 생존능력은 이 짧은 시간 동안 충분히 젖을 먹을 수 있는지에 달려 있다. 하지만 새끼들은 앞을 볼 수 없기에 새끼들이 젖꼭지를 빨리 찾게 해 젖을 먹일 수 있는 메커니즘이 필요하다. 어미 젖에 있는 티글린알데하이드(tiglinaldehyde)라는 페로몬 성분이 그런 장치인데, 짧은 시간 안에 금방 태어난 새끼 토끼들이 어미젖을 빠는 반사작용을 불러일으킨다. 어미젖에서 이 물질들을 분리한 연구원들은 깜짝 놀랄 만한 장면을 목격했다. 연구원들이 어미젖을 실험실 장치에 발라둔 뒤 이 장치에서 티글린알데하이드 페로몬을 방출하자 어린 새끼 토끼들이 그 장치를 빨기 시작했던 것이다. 이 실험으로 야생토끼의 경우 페로몬이 제대로 작용했다는 것을 알 수 있다. 이 페로몬은 하나의 분자로 이루어진 물질로, 같은 종에 속하는 개체인 어미의 젖과 함께 유선(乳腺)으로 배출된다. 이 페로몬을 같은 종에 속하는 두 번째 개체인 갓 태어난 새끼가 흡수해 틀에 박힌 행동을 하는데, 바로 젖을 먹는 반응이다.

또 다른 페로몬은 돼지에게서 나온다고 알려져 있다. 안드로스테논(androstenone)은 테스토스테론의 분해산물이며 수돼지의 모든 조직에서 냄새가 난다. 안드로스테논은 발정기 암퇘지에게서 이른바 경직상태를 인내하는 행동을 불러온다. 이런 경직상태는 짝짓기할 때 유리한 위치를 제공하며, 이로써 수퇘지는 암컷을 수태시킬 수 있다. 이 물질은 인공으로 수태시킬 때도 투입할 수 있는데, 암컷은 페로몬에 노출되면 잠자코 있는 까닭이다. 야생토끼의 페로몬 티글린알데하이드와 비슷하게 안드로스테논은 페로몬이라 불릴 수 있는 조건을 모두 갖추고 있다. 이 페로몬 역시 하나의 분자로 이루어진 물질이며 수퇘지가 피부를 통해 방출한다. 이 물질은 같은 종의 두 번째 개체인 암퇘지에게서 틀에 박힌 행동을 유발하는데, 바로 인내하면서 경직된 자세를 취하는 것이다.

인간에게도 페로몬이 있을까

페로몬이 인간에게서도 작용하는지를 두고 물론 의문이 제기되지만, 성적 매력을 올려준다는 근거 없는 이야기가 세간에 떠돈다. 인터넷 검색을 해보면, 답은 분명해 보인다. 수많은 페로몬을 팔고 있으니 말이다. 돼지 호르몬인 안드로스테논과 또 다른 테스토스테론 분해산물인 안드로스타디에논(androstadienone)이 현재 인기가 있다. 판매 목적으로 이런 물건을 내놓은 자들은, 이 페로몬 향수를 뿌린 남자를 여자들이 거부할 수 없을 것이라고 약속한다. 흥미로운 사실은 거의 모든 상품의 목적이 오로지 성적 유혹이며, 남자들이 여자들에게 더 매력적으로 보일 수 있다고 말한다. 그러나 안드로스타디에논은 인간에게 효과가 있을까? 해당 제품 공급자는 당연히 그렇다고 한다. 실제로 몇 가지 과학적 연구도 어느 정도 공급자의 주장을 뒷받침하는 실험 결과를 내놓는다.

대략적인 근거는 다음과 같다. 성적 성숙기가 되면 남성의 고환은 테스토스테론을 만들어낸다. 그것은 몸에서 분해되어, 특히 안드로스타디에논이 되며, 겨드랑이와 성기 부분에 있는 땀샘을 거쳐 방출된다. 또한 휘발성이 있어 여성들이 호흡할 때 들이마시게 된다. 그 결과 여성들의 태도가 달라지는데, 이전보다 더 개방적이 되고, 안드로스타디에논을 발산한 남성을 더 매력적으로 보며, 그리하여 이 남성과 섹스할 준비가 된다. 따라서 남성은 여성들과 더 많은 기회를 갖기 위해 페로몬을 구입해야 한다는 것이다. 하지만 이 주장이 맞을까?

실제로 안드로스타디에논을 흡입한 이성애자 여성은 호르몬 균형에 변화를 보여준다. 예전보다 더 집중하며 더 남성적인 얼굴 사진을 예전보다 더 매력적이라고 느낀다. 이로써 인간에게 미치는 페로몬의 영향력이 증명된 것일까? 앞의 추론이 논리적으로 들리기는 하지만, 여성 대상으로 실험한 안드로스타디에논 노출이 스트레스 호르몬인 코르티솔의 수치를 높인다는 사실을 고려한다면, 의구심이 커질 수밖에 없다. 그리고 이렇듯 페로몬을 통한 파트너 찾기는 좋은 방법이 아니다. 이 방법이 여성의 호르몬 균형에 영향을 줄 수도 있고 그래서 잘 알려지지 않은 메커니즘을 통해 여자들이 좀더 솔직하게 섹스를 원할 수 있기는 하다. 하지만 또 다른 문제가 있는데, 바로 안드로스타디에논은 불쾌한 냄새를 풍긴다는 사실이다. 소변 냄새가 나고, 세탁하지 않고 오래 둔 운동복이나 체육관의 곰팡내 나는 탈의실 냄새가 난다.

이에 대해 과학은 어떻게 설명할까? 잘 알려진 과정을 더 상세하게 들여다보자. 테스토스테론은 실제로 남성의 고환에서 만들어져 안드로스타디에논으로 분해되어 땀에서 확인된다. 물론 지극히 농도가 낮은데, 나노그램 수준이다. 하지만 여자의 땀에서도 비슷한 농도를 발견할 수 있다. 따라서 안드로스타디에논을 전형적인 남성 페로몬이라 볼 수 없다. 안드로스타디에논에 노출되어 호르몬 균형에 변화가 생기려면, 겨드랑이 땀에서 발견할 수 있는 농도의 1000배 이상을 이용해야만 하며, 이 물질을 수신자의 윗입술에 직접 발라야 한다. 이렇듯 복잡한 과정이 과연 성공할 수 있을지 의문이다.

페로몬이 증명된 동물들의 경우 서골비기관(vomeronasal organ)이 특별한 역할을 한다.

서골비기관

서골비기관은 다양한 척추동물의 비중격(nasal septum, 鼻中隔: 코 안을 좌우로 나누어주는 사이막―옮긴이)에 있는 구조다. 비중격은 무엇보다 두개골의 기본이 되는 뼈인 서골(鋤骨, 보습뼈)로 형성된다. 서골이 라틴어로 vomer여서 서골비기관이라는 이름이 붙었다. 이 기관은 18세기에 뱀에게서 발견되었고 훗날 포유류에서도 확인되었다. 이 조직은 코 입구 바로 뒤에 있는 점막의 굴곡이다. 포유류의 경우 굴곡은 직경 몇 밀리미터로 이루어져 있고 이곳 깊숙한 곳에 수용체와 신경세포가 있다. 신경세포들은 다양한 화학물질에 반응한다. 신경세포 자체는 신경을 통해 뇌와 직접 연결되고, 코의 하부구조 및 코 옆과 직접 이어진다. 실제로 많은 동물에서 페로몬의 효과를 담당하는 부위는 바로 서골비기관이다. 페로몬은 수용체와 접촉하고 신경세포를 자극한다. 그러면 신경세포는 자극을 코 옆으로 곧장 연결해준다. 그 결과 틀에 박힌 행동 변화가 나타나거나 호르몬에 의한 효과가 나타난다.

19세기 초반에 덴마크 군의관 루드비 야콥손(Ludwig Jacobson)은 사람에게서 서골비기관을 발견했다. 그리하여 이 부위를 야콥손기관이라 부른다. 이것은 비중격 위에 있는 콧구멍 뒤 1~2센티미터에 있다. 물론 모든 사람이 야콥손기관을 갖고 있지는 않다. 최근 기술인 코 내시경을 이용하면 어떤 사람이 이 기관을 갖고 있는지 쉽게 확인할 수 있다. 당시 내시경 기술을 몰랐던 야콥손 박사는 1807년 영국이 코펜하겐을 공격하는 바람에 발생한 부상자를 검사한 뒤 서골비기관에 대해 기술했다.

야콥손의 '기관'은 인간에게서도 볼 수 있는 기관일까

나는 내 연구팀과 함께 70명이 넘는 젊은 이성애자 여성을 대상으로 야콥손기관이 안드로스타디에논의 작용 안에 포함되는지, 그리고 기능이 있는 기관인지 아니면 단지 해부학적 구조에 불과한지 조사했다. 우선 우리는 코에서 야콥손기관을 찾아보았다. 족히 50명에게서 발견할 수 있었으며, 나머지 다른 여성들에게서는 찾을 수 없었다. 우리는 두 그룹에서 안드로스타디에논을 인지할 수 있는 최저치(역치)를 측정했고 차이를 발견할 수 없었다. 그래서 우리는 야콥손기관을 대략 1제곱센티미터 크기의 라텍스 천으로 덮었고 다시 측정해보았다. 그러자 조사 대상자들은 안드로스타디에논에 대해 제법 예민한 반응을 보였다. 이는 야콥손기관이 안드로스타디에논 인지와 무관하다는 증거였다. 이는 그다지 놀랍지 않은데, 사람의 경우 그곳에 신경세포가 없기 때문이다. 뇌로 연결되는 신경은 태아의 발달 과정에만 존재하며 나중에는 퇴화한다. 따라서 야콥손기관은 인간에게 있어 기능은 없고 발육 과정에서 남은 잔여물에 불과하다고 볼 수 있다. 그런데도 페로몬이 인간에게도 존재한다는 증거로 항상 사용되었다.

하지만 우리는 안드로스타디에논이 어떻게 뇌에 작용하는지 알고 싶었다. 그래서 사진을 찍기로 했는데, 바로 양전자 방출 단층촬영(PET)을 사용했다. MRI처럼 이 촬영법도 뇌 활동을 조사할 수 있게 해준다. 조사 대상자들은 스캐너에 누워 안드로스타디에논 냄새를 맡았으며, 모두 약하기는 했지만 분명하게 인지했다. 이때 보통 후각에 반응하는 뇌 영역이 활성화되었다.

우리를 깜짝 놀라게 한 것은, 뇌의 다른 영역인 시상하부가 더 분명하게 활성화되었다는 점이다. 시상하부는 뇌 기저부의 간뇌에 있고 뇌와 뇌하수체 전엽을 연결한다. 이 뇌하수체 전엽은 뇌의 부속물로 우리 신체의 호르몬 체계를 관리하는 중앙 조정실과 같으며, 신경계와 호르몬계의 연결 부분이다. 안드로스타디에논은 시상하부를 강력하게 활성화한다. 여왕벌이 여왕물질을 통해 벌들의 호르몬 균형에 개입하는 것처럼, 우리는 호르몬 균형에 개입하는 프라이머 페로몬을 확인한 것일까?

우리는 안드로스타디에논 외에 비교 목적으로 두 번째 향기인 인공 백단향을 투입했다. 이 향은 수많은 남자 향수의 재료로 사용되며 묵직한 '남성적' 향기를 낸다. 조사 대상자들이 백단향 향을 맡았을 때, 안드로스타디에논을 맡았을 때와 같은 부위인 시상하부가 활성화되었다. 백단향 냄새를 인지한 여성들은 안드로스타디에논을 인지했을 때와 똑같이 호르몬계가 자극받은 것이다. 어떻게 이런 일이 생길 수 있을까? 화학적 시각에서 보면 이 두 가지 분자는 완전히 다르며, 인간의 신체가 백단향 냄새를 만들어낼 리도 없다.

검사를 마친 뒤 조사 대상자들에게 두 가지 물질이 어떤 냄새가 났는지 물었더니 모두 다음과 같이 연상했다. 안드로스타디에논은 '남자친구 운동복'에서 맡은 냄새 같았고, 백단향은 '돌아가신 뒤 유품을 정리하러 갔을 때 할아버지 옷장에서' 맡은 냄새와 같았다는 것이다. 공통점은 '남자 냄새'를 맡았다는 점이다. 갑자기 우리의 조사 결과는 하나의 의미를 갖게 되었다. 우리는 안드로스타디에논이라는 특수한 페로몬 작용을 관찰하지는 못했고, 단순히 남자 체취가 이성애자 여성들의 뇌에 어떤 작용을 하는지 관찰했다. 남자를 연상시키는 냄새가 여자들의 호르몬계에 영향을 준다는 사실은 쉽게 증명된다. 안드로스타디에논으로 진행한 또 다른 연구도 같은 작용을 보여주었다. 즉, 남자 체취는 여자들에게 스트레스를 줄 수 있지만, 남자 얼굴을 더 잘 생겼다고 보고 더 매력을 느낄 정도로 영향을 줄 수도 있었다.

그 밖에도 이 작용은 성적 선호도와 관련 있어 보인다. 동성애자 남성에게 남자 체취를 연상시키는 물질을 노출하자 이성애자 여성과 같은 반응을 보였다. 레즈비언 여성과 이성애자 남성은 안드로스타디에논에 노출되어도 시상하부가 전혀 활성화되지 않았다. 그러나 또 다른 물질이 비슷한 작용을 한다. 즉, 에스트로겐의 분해물질인 에스트라테트라에놀(estratetraenol)이다. 아직 조사해보지 않았지만, 꽃향기가 나는 '여성적' 향수도 동일하게 작용할 것이다.

안드로스테논과 비슷한 종류들은 아마도 우리에게 페로몬이 아닐 것이다. 이런 물질은 인체에 소량 흡수되고 그리하여 특별한 작용을 하지 않는다. 게다가 냄새가 고약하다. 인간의 야콥손기관은 아무 기능도 하지 않는다. 물론 언젠가 누군가가 사람에게서 페로몬을 발견할지 예단할 수는 없지만, 페로몬이 불러오는 전형적인 행동 변화를 가져올 그런 물질을 발견할 가능성은 매우 낮다. 우리의 인지와 행동을 통제하고 관리하는 대뇌는 다른 모든 동물의 대뇌에 비해 훨씬 크다. 우리는 단추를 누르거나 어떤 성분에 노출된다고 해서 항상 동일하게 반응하는 기계가 아니다. 그렇지만 방향물질처럼 개별적으로 다르게 행동하는 게 아니라, 페로몬처럼 일단 맡으면 모두가 같은 행동을 하게 되는 휘발성 재료가 있다. 동물들의 경우 서골비 기관에서 발견할 수 있는 수용체는 인간의 후각점막에도 있다.

아직 페로몬을 발견하지는 못했지만, 우리는 체취를 이용해 잠재적 섹스 파트너에게 영향을 미칠 수 있다. 남자의 체취는 이성애자 여성과 동성애자 남성의 호르몬계를 자극한다. 여자의 체취는 거꾸로 이성애자 남성과 동성애자 여성의 호르몬계를 자극한다. 그러나 개인의 선호도는 개별 향기들이 뒤섞인 향기 칵테일에 달려 있다. 따라서 최고로 많은 페로몬을 방출함으로써 모든 여자를 사로잡을 수 있는 알파 남자는 없다. 성적 매력은 매우 개인적이며, 각자는 다양한 사람들의 냄새를 선호한다. 여기서 위생이 매우 중요한데, 땀을 분해한 물질의 냄새가 만연하지 않게 하고, 향수로 어떤 특징을 은은하게 강조할 수 있다. 하지만 어떤 남자가 특정 향수를 뿌리면 모든 여자가 그 앞에 무릎 꿇게 된다는 마법의 성분은 존재하지 않는다. 그런데도 이런 성분을 찾는 사람이 있다면, 인터넷에서 광고하는 '기적의 페로몬'에 돈을 쓰느니 차라리 꽃다발을 사는 편이 낫다. 적어도 꽃은 좋은 향이 나니까.

일상 속 제안

연인이나 배우자 또는 (동성애 관계가 아닌) 동성 친구에게 그들이 입었던 티셔츠를 잠시 빌려달라고 한다. 이때 여러분은 실험에 사용할 것이라고 설명해준다. 누구의 티셔츠에서 좋은 냄새가 나는가? 흥분시키고 자극하는 냄새는? 여러분은 어떻게 느끼는가? 신생아 냄새도 맡아보라. 어떤 느낌인가? 조언: 신생아의 경우 최근에 아이를 낳은 친구들에게 부탁해야지, 근처 병원 분만실에 가면 안 된다.

06

맛과 향

향유를 위한 드림팀

이 장에서 알아볼 내용

왜 맛과 향을 쉽게 혼동하는가.

방향물질은 입안에서부터 목구멍을 거쳐 코에 도달한다.

후각에 장애가 생기면 무엇보다 음식 먹을 때 알아차릴 수 있다.

후각과 미각은 서로 매우 밀접하게 연관되지만, (사람들이 흔히 주장하듯) 동일하지는 않다. 이를 제대로 알려면 잠시 코의 영역을 떠나, 미각은 도대체 어떤 경로를 거치며 우리는 맛을 어떻게 인지하는지 살펴봐야 한다. 그러면 후각이 미각과 관련해 매우 중요하다는 사실을 알게 될 것이다.

누구나 두통 때문에 아침에 일어나기 힘들었던 경험이 있을 것이다. 우리는 밤중에 여러 차례 놀라고 그래서 상당히 피곤한 상태다. 목은 따끔거리고 코는 막혀 있어서 입으로 숨을 쉬어야 한다. 이는 감기에 걸렸기 때문이며 그렇다면 침대에 그냥 누워 있는 편이 가장 좋다. 어쩌면 지하철이나 버스 또는 사무실에서 누군가 기침을 해서 감염되었을 가능성이 높다. 할 수 있다면 우리는 집에 머물 것이다. 어쩌면 누군가 닭고기 죽이나 최소한 감기에 좋은 페퍼민트 차를 가져다줄지도 모른다. 감기에 걸리면 충분히 휴식을 취하고 물을 많이 마시는 것 외에 할 일이 별로 없다. 뭔가 먹어도 맛이 없다. 맛이 없을 뿐 아니라, 그냥 아무 맛도 안 난다고 해야 더 정확하다. 그래서 그릇에 있는 음식을 이리저리 휘저을 뿐인데, 다 종이 맛이 날 뿐이다. 감기가 맛을 인식하는 우리의 맛봉오리(미뢰)를 공격한 것일까?

그러나 주요 맛인 단맛과 짠맛은 감기에 걸린 뒤에도 인지할 수 있다는 사실에 집중해보자. 우리에게 부족한 것은 미묘한 맛을 식별하는 능력이다. 눈을 감고 파인애플과 사과를 먹으면 맛이 같게 느껴진다. 두 가지 과일은 달콤하고 약간 신맛이 나지만 비슷한 질감을 가지고 있어서다. 하지만 감기에 걸리지 않았다면 두 과일을 잘 구분할 수 있다. 그러나 감기에 걸려 있는 동안에는 모든 게 맛이 없다.

건강한 상태에서도 우리는 비슷한 효과를 만들어낼 수 있다. 즉, 코를 감싸 쥐면, 우리는 맛을 훨씬 덜 느낀다. 아이들이 먹기 싫어하는 약도 바로 그런 식으로 먹일 수 있다.

코는 미각과 분명 관련이 있는 듯하다. 그런데 우리는 입으로 맛을 보며, 무엇보다 혀로 맛을 보지 않는가! 그래서 맛을 느끼는 데는 두 가지 종류가 있다. 우선 투박하게 맛을 보는 것으로, 단맛을 짠맛·신맛과 구분한다. 다른 한 가지는 미묘한 맛을 감별하는데, 파인애플을 사과와 구분하고 살라미와 햄을 구분할 수 있게 한다. 코가 막혔을 때는 이렇게 미묘한 맛을 구분하는 일만 제대로 되지 않는다. 더 자세히 살펴보자.

맛을 볼 때 어떤 일이 일어날까

맛을 내는 재료와 맛봉오리에 있는 미각 수용체 사이에 상호작용이 일어남으로써 우리는 맛을 인지한다. 맛봉오리는 대부분 혀 위의 이른바 돌기에 해당하는 설유두(舌乳頭)에 있다. 혀를 거울에 비춰보면 잘 알아볼 수 있다. 예를 들어 진한 레드 와인, 어두운 색의 산딸기, 알록달록한 사탕을 먹어 혀가 색으로 물들었을 때 가장 잘 볼 수 있다. 여러분도 다음에 와인을 마시면, 맛 돌기 실험을 해볼 수 있다. 그래서 자세히 보면 혀의 표면은 매끈한 정도가 아니라, 오히려 벨벳처럼 아주 부드럽다. 작게 볼록 튀어나온 것이 바로 돌기다.

우리 혀에는 네 가지의 다양한 돌기가 있다. 사상유두(filiform papillae, 絲狀乳頭)는 입안에 들어오는 음식물의 질감을 인지하는 일을 담당한다. 그 밖에 세 가지 돌기는 모양에 상응하는 이름을 가지고 있는데, 각각 성곽유두(circumvallate papillae, 城廓乳頭), 엽상유두(foliate papillae, 葉狀乳頭), 용상유두(fungiform papillae, 茸狀乳頭)다. 이들 유두에는 현미경으로 관찰해야만 확인할 수 있는 맛봉오리들이 있다. 우리는 음식물을 섭취하면 씹으면서 입안 내용물을 잘게 부순다. 그 내용물은 침에 섞이며, 침 속에서 맛 재료들이 녹는다. 침이 입안을 가득 채우면 침에 포함된 맛 재료들이 맛봉오리에 도달한다. 이어 맛봉오리의 미각 수용체들이 자극을 받고 이로 인해 생긴 전기 신호가 신경을 통해 뇌로 전달된다. 그러면 우리는 뭔가 맛을 느끼게 되는 것이다.

우리는 총 다섯 가지 맛을 구별할 수 있다. 단맛·짠맛·쓴맛·신맛·감칠맛이다. 그 밖에 '매운맛'은 맛의 종류에 속하지 않는데, 이에 대해서는 다음 장에서 살펴본다. 단맛은 대부분의 사람이 분명하게 알아보는 맛이지만, 신맛과 쓴맛은 흔히 혼동되기도 한다. 어떤 문화권이든, 어느 지역의 식습관이든 상관없이 그렇다. 그런데 신맛과 쓴맛은 전혀 다른 맛이다.

단맛

다섯 가지 맛 가운데 단맛은 가장 간단히 구분할 수 있다. 단맛의 인지는 많은 다양한 재료에 의해 일어날 수 있다. 가장 중요한 재료는 슈크로스(sucrose) 또는 가정용 설탕이다. 설탕은 과당과 포도당으로 구성되고 식물이 광합성을 통해 생성하는 분자다. 설탕은 매우 많은 에너지를 함유하고 있다.

그리하여 단맛 인지 능력은 무엇보다 식품에 얼마나 많은 칼로리가 포함돼 있는지 확인하는 데 쓰인다. 이는 가능한 시간에 높은 칼로리를 함유한 식품을 섭취해야만 했던 우리 조상들에게 매우 중요했을 것이다. 그래서 우리는 상대적으로 설탕에 대해 그다지 예민하지 않다. 설탕이 과도하게 들어간 음식이라야 비로소 달콤하다고 인식한다. 커피나 차를 달콤하게 마시려면 설탕 몇 스푼을 넣어야 한다. 아스파탐이나 스테비아 같은 다른 재료 역시 단맛을 느끼게 해주지만, 단맛이 설탕보다 수백 배는 더 강하다. 그러니 설탕에 비해 칼로리 걱정 없이 이런 재료를 넣어 섭취할 수도 있다.

단맛은 무엇보다 어린아이들에게 인기 있는 유일한 맛이기에 특수한 지위를 차지한다. 다른 맛들은 모두 어느 정도 경고 기능을 갖고 있다. 그러나 단맛은 어떤 식품이 많은 칼로리를 함유하고 있다는 사실만 알려준다. 이는 성장기 어린이에게 상당히 중요하다.

왜 고양이는 초콜릿을 좋아하지 않고, 초콜릿은 개를 죽일 수 있을까

설탕은 식물에서 만들어지기에, 무엇보다 초식동물과 인간 같은 잡식동물은 이 맛을 인지할 능력이 있다. 고양이처럼 순수한 육식동물은 단맛을 파악할 수 있는 수용체가 전혀 없다. 그래서 고양이는 초콜릿을 즐기지 못하는데, 설탕으로 뒤덮지 않은 카카오의 쓴맛만 알아차린다. 이와 반대로 개에게는 단맛을 알아차리는 수용체가 있다. 그런데 초콜릿은 개에게 독성을 띠는 테오브로민(theobromine)을 함유하고 있다. 이 사실을 모른 채 사람들이 초콜릿을 여기저기 흩어놓으면, 설탕으로 카카오의 쓴맛을 덮은 초콜릿을 개가 먹어 치명적인 결과를 초래할 수 있다.

쓴맛

쓴맛은 전혀 다른 기능을 한다. 단맛은 우리가 어떤 식품을 먹으면 얼마나 많은 칼로리를 섭취하는지 알려준다면, 쓴맛은 식품에 독성 물질이 들어 있을 가능성을 경고한다. 가장 중요한 성분으로 알칼로이드가 있다. 그 밖에 커피콩에 들어 있는 카페인, 약용식물인 콜키쿰에 들어 있는 콜키신(colchicine), 양귀비에 들어 있는 모르핀, 담배에 들어 있는 니코틴, 기나나무에 들어 있는 키니네 등 수백 가지 성분이 있다. 이 성분들의 공통점은 모두 어느 정도 독성이 있다는 점이다. 식물은 자신을 먹어치우려는 적을 막아내기 위해 그런 성분을 생산해낸다.

이 시스템이 무난하게 작동하려면 매우 예민해야 한다. 실제로 쓴맛에 대한 우리의 인지력은 단맛을 감지하는 능력보다 훨씬 미묘하고 예민하다. 설탕의 단맛은 몇 그램이 되어야 비로소 인지하는 반면, 쓴맛이 나는 재료는 그보다 훨씬 낮은 농도로도 알 수 있다. 우리는 나노그램 수준의 쓴맛이 포함된 음식도 알아차릴 수 있다. 이는 인간이라는 종의 생존에 기여했다. 아이들은 보통 쓴맛을 매우 불쾌하게 여긴다. 예를 들어 약은 쓴맛이 나는 경우가 많기에 아이들이 먹기 힘들어한다.

우리는 나이 들면서 쓴맛을 점점 편안하게 받아들인다. 우리가 인생에서 마신 첫 맥주는 홉 속에 들어 있는 쓴맛 재료로 인해 불쾌한 맛이 났을 것이다. 하지만 시간이 지나면서 우리는 이 쓴맛을 맥주의 효과와 연결하는 법을 배운다. 우리는 알코올을 통해 더 대담해지고 긴장을 푼다(과음해 취한 경우는 제외). 이처럼 우리는 쓴맛을 긍정적 측면과 이어지게끔 조건화한다. 그러면서 시간이 지나 우리는 기꺼이 쓴맛을 선택하게 된다. 심지어 알코올이 들어 있지 않은 무알콜 맥주로도 쓴맛을 즐긴다.

카페인 역시 비슷한 메커니즘을 따른다. 커피는 쓴맛이 나는데도 우리는 시간이 지나면서 커피의 긍정적 효과를 인정하게 된다. 그러나 특별히 유전적 체질로 인해 쓴맛이 나는 재료에 매우 예민한 소수의 사람이 있다. 이렇게 뛰어난 미각의 소유자를 슈퍼테이스터(supertaster)라 한다. 이런 사람들은 맥주도, 커피와 다크초콜릿도 좋아하지 않는다.

신맛

신맛은 수소이온농도 지수인 pH가 낮은 재료(pH 수치가 7보다 낮으면 산성, 높으면 염기성-옮긴이)에 의해 생겨나며, 따라서 수소가 거의 없는 재료로 만들어진다. 신맛이라는 이름에서도 알 수 있듯, 갖가지 신맛이 난다. 농도가 진할 때 신맛은 위험할 수 있고 상했을 수 있으며, 우리의 신맛 감지 기능은 그런 성분의 과다 섭취를 경고한다. 쓴맛 재료와 비슷하게 신맛 재료도 농도가 아주 낮더라도 우리는 인지한다. 다른 한편, 우리 신체는 너무 강한 산성이나 알칼리성을 띠지 않도록 pH 수치를 안정적으로 유지하려고 한다. 신맛은 이처럼 균형을 잡을 수 있게 도와준다.

짠맛

다양한 소금은 짠맛 느낌을 만들어낸다. 가장 중요한 소금은 바로 식염으로, 화학명은 염화나트륨이다. 이것은 물에 녹으면 양성이온 나트륨과 음성이온 염소로 나뉜다. 이 둘은 신체에서 가장 중요한 전해질에 속하며 세포가 제대로 기능하려면 반드시 필요하다. 짠맛 느낌은 이러한 전해질을 충분히 섭취할 수 있게 돕는다. 만일 우리가 운동을 심하게 하면서 땀을 흘리고 많은 전해질을 상실하면, 소금이 먹고 싶어진다. 짠 식품을 먹고 싶은 욕구가 생기는 것이다. 그러면 우리는 짠맛에 덜 예민해진다.

신맛과 짠맛의 느낌은 둘 다 전해질과 pH 수치를 안정적으로 유지하게 해준다.

감칠맛

'감칠맛'을 뜻하는 일본어 우마미(旨味)는 '마음을 끌어당기는 맛' 정도로 해석하면 좋다. 감칠맛은 글루탐산나트륨 맛이 나며, 단백질을 구성하는 하나의 성분이다. 그래서 육류와 우유, 생선 제품을 먹을 때 인지할 수 있다. 감칠맛은 일본인 이케다 기쿠나에(池田菊苗)를 통해 독립적인 다섯 번째 맛으로 정해졌다. 이케다는 아지노모토(味の素, '맛의 진수') 주식회사를 창립했고, 이곳에서는 감칠맛을 가진 많은 제품을 생산했다.

나는 어릴 적에 식당에 가면 소금통과 후추통 외에 마기〔스위스 마기(Maggi) 사에서 제조한 간장 비슷한 조미료—옮긴이〕 병이 식탁에 있었던 기억이 난다. 이 마기는 감칠맛과 별반 다르지 않다. 감칠맛에 가장 가까운 맛은 소금을 치지 않은 닭고기 죽이 아닐까 싶다. 감칠맛은 동아시아 요리에는 광범위하게 들어간다. 즉, 간장, 미소된장, 템페 (인도네시아의 콩 발효 식품—옮긴이), 생선 소스 등 많은 종류가 있다. 서양 요리에도 감칠맛이 강한 식품이 많다. 예를 들어 파르메산 치즈, 토마토, 베이컨, 버섯이 있다. 다양한 햄과 버섯을 토핑한 피자는 그야말로 감칠맛 폭탄이라 할 수 있다. 사람들이 여러 가지 햄·안초비·마기·간장을 사용해 감칠맛을 만들어내는지 아닌지는 순수주의자와 식도락가에게는 중요한 의미가 있지만, 생리학적 입장에서는 하찮은 일이다.

사람들은 오랫동안 감칠맛이 다른 맛을 더 강화해준다고 생각했다. 그런데 오늘날 감칠맛을 알아보는 수용체는 다른 수용체들과 별개로 존재한다는 사실을 알게 되었다.

내가 열여덟 살 때 부모님 집을 떠나 대학이 있는 곳으로 떠날 준비를 할 즈음, 어머니가 매우 중요한 요리법을 가르쳐주었다. 스파게티와 리조토, 껍질째 찐 감자와 볶은 감자를 어떻게 준비하는지 보여주었던 것이다. 그러면서 어머니는 엄청나게 중요한 비법을 가르쳐주었다. 항상 맛을 보고 무언가 부족한 느낌이 들면 아마 소금일 것이라고 말이다. 언제나 그렇듯 어머니가 맞았다. 짠맛과 감칠맛은 맛을 강화해준다.

이러한 맥락에서 다섯 가지 맛은 혀의 도처에서 감지된다는 사실을 언급해둘 가치가 있다. 나는 다른 많은 지식처럼 초등학교에서 다음과 같은 사실을 배웠다. 우리는 혀끝으로 단맛을 인지하고, 혀의 가장자리에서 짠맛과 신맛을, 그리고 혓바닥으로 쓴맛을 느낀다고. 감칠맛은 당시 여자 선생님이 아직 모르는 맛이었다. 심지어 이런 모습을 그림으로 그린 '혀 지도'도 존재했다. 하지만 이는 모두 맞지 않으며 신화처럼 들리는 대부분의 지식과는 반대로 실험을 통해 쉽게 확인할 수 있다.

설탕 몇 조각이나 소금 몇 알을 혀끝에 올려놓거나 약간의 레몬 주스를 혀끝에 올려보라. 그다음 같은 것을 혀 가장자리에 올려보라. 그러면 세 가지 맛을 혀의 두 곳에서 모두 인지할 수 있음을 알게 된다. 그런데 왜 오해가 생기고 우리가 틀린 지식을 학교에서 배웠을까? 20세기 초에 한 미국인 생리학자가 독일의 연구논문을 정확히 번역하지 않았기 때문이다. 원래의 논문에는 혀 표면의 다양한 지점은 개별 맛에 대한 민감도에서 차이가 난다는 내용이 실려 있었다. 이 내용은 맞지만, 번역된 논문에서는 혀 표면의 다양한 지점이 오직 한 가지 맛만 인지한다고 소개했다. 이 번역상의 오류가 수정되지 않은 채 여기저기 퍼졌고, 여러 교과서에도 실렸다. 그리고 '벌거숭이 왕'에 관한 동화처럼 누구도 실제로 논문 내용이 맞는지 시험해보지 않았던 것이다. 그리 어려운 실험도 아닌데 말이다.

다섯 가지 맛인 단맛·신맛·짠맛·쓴맛·감칠맛은 우리가 맛볼 수 있는 모든 맛이다. 이런 맛을 넘어선 향기를 인지할 때는 후각을 통해 전달된다. 이를 이해하기 위해 우리는 코와 목의 해부학을 좀더 살펴봐야 한다.

미식의 동굴 탐사: 혀와 입천장 ━━━━━

거울 앞에 서서 여러분 입에 불빛을 비춰보라. 이제 입을 벌리고 구강을 더 자세히 살펴보라. 그리고 혀를 잡아보라. 작은 돌기들이 나 있는 부드러운 혀 표면을 감지할 수 있을 것이다. 이제 더 깊숙이 들여다보라. 입안 깊숙한 곳에서 목젖을 볼 수 있을 텐데, 목젖은 부드러운 구개(입천장), 즉 연구개에 속한다. 사랑니 바로 뒤에 있는 구개는 딱딱한데, 점막 밑에 뼈 하나가 있기 때문이다. 더 뒤로 가면 이제 뼈가 사라지고 구개는 연한데, 점막 밑에서는 근육이 더 많은 까닭이다. 목젖 뒤의 또 다른 공간은 바로 인후(목구멍)다. 불빛을 목구멍 깊숙이 비춰보면, 여러분은 그 뒤편의 점막을 볼 수 있다.

목구멍(인후)에는 입구가 네 개 있다. 우선 방금 우리가 들여다본 구강이 있다. 그 위쪽으로는 비인두 및 비강으로 연결된다. 아래쪽으로는 식도와 위로 연결된다. 구강 밑의 마지막 입구는 후두로 연결되고 이어 기관(氣管), 기관지, 폐로 이어진다.

목구멍에는 두 개의 중요한 길이 교차한다. 하나는 호흡 과정에서 비강으로 들어온 공기가 후두로 이동해야 하는데, 폐로 가야지 위장으로 가서는 안 된다. 따라서 목구멍에서 코와 후두로 가는 길이 열려 있어야 한다. 두 번째 길은 입속의 내용물(음식)이 식도로 가야 하며 후두와 코로 가서는 안 된다. 그래서 이때 목구멍은 코와 후두로 가는 쪽이 막혀 있어야 한다.

우리가 음식물을 삼키면, 부드러운 입천장(연구개)은 위쪽 비강으로 향한 목구멍을 닫아야 한다. 그리고 훨씬 밑에 위치한 후두개(후두덮개)는 기관으로 가는 입구를 차단한다. 이 때문에 우리는 음식물을 삼키면서 동시에 숨을 쉴 수 없다. 우리는 일찌감치 젖을 먹을 때 올바르게 삼키는 법을 배우기는 하지만, 이 방법에 익숙해지려면 상당한 시간이 필요하다. 갓난아이가 젖을 먹을 때 자주 잘못 삼키거나 코에서 젖이 흘러나오는 모습을 볼 수 있다. 아이는 삼키는 과정을 조절하는 법을 아직 배우지 못한 것이다. 연구개와 후두가 정확히 닫혀야만 매일 수백 번 음식물을 삼켜도 아무런 문제가 발생하지 않는다.

세밀한 맛으로 이어주는 다리: 코 뒤쪽의 후각

인간은 똑바로 서 있기에 목구멍이 그야말로 크고 넓다. 죽을 삼키면 혀에서 뒤쪽으로, 목에서 아래로 밀게 된다. 이렇듯 뒤로 가다가 밑으로 방향을 바꾸려면 공간이 넓어야 한다. 삼키기 전에 우리는 음식물을 씹는다. 이를 통해 음식물을 잘게 부수고 음식물 표면을 넓힌다. 이로부터 맛을 내는 성분들이 나오고, 이것들은 침에 녹아 맛봉오리에 침투해 우리가 음식 맛을 알게 되는 것이다. 맛 성분은 약간의 짠맛·단맛·신맛 등으로 이루어져 있다. 휘발성 성분은 공기 중으로 날아가버린다. 우리가 씹을 때 입을 닫으면, 음식물은 밖으로 나가지 않고 목구멍으로 침투한다.

이로써 우리는 다시금 목구멍 쪽으로 곡선형으로 선회한다. 즉, 여기서부터 상대적으로 쉽게 위쪽에 위치한 코 쪽으로 올라갈 수 있다. 특히 먹는 동안 숨을 내쉴 때와 음식물을 삼킨 뒤 휘발성 성분은 목구멍에서 코에 닿는다. 하지만 목구멍에서 나오는 공기는 날숨이나 음식물 삼킴 없이 코에 닿는다. 코는 앞쪽이 열려 있고 공기는 회전할 수 있다. 따라서 방향물질은 도처로 퍼져나가고 이로써 비강 상부에 위치한 후각점막에 도달한다. 후각점막의 후각세포들은 거의 모든 휘발성 재료에 매우 예민하게 반응한다. 그 결과 우리는 후각적 인상을 감지한다. 만일 우리가 뭔가를 먹거나 마시면 혀에 있는 미각 수용체만 자극하는 게 아니라, 음식물 속에 들어 있는 휘발성 성분이 후각점막에 있는 후각 수용체도 자극한다. 우리는 음식물이 입에 있을 때 냄새도 맡는 것이다. 이런 후각적 지각으로 우리는 라즈베리 잼과 블루베리 잼을 구분할 수 있다. 우리 코는 다섯 가지 기본 맛을 벗어나는 모든 맛을 '미세 조정'한다. 흔히 이런 말은 믿기 어렵지만, 이를 위해 작은 실험을 해볼 수 있다.

곰 모양 젤리 실험 ━━━━━━━━━━━

사탕이나 곰 모양의 젤리를 준비한다. 하지만 다양한 향기를 지닌 사탕도 가능하다. 곰 모양 젤리 몇 개를 앞에 둔 뒤 눈을 감는다. 젤리의 맛은 색깔에 따라 다른데 눈을 감았으니 색을 볼 수 없어 무슨 맛인지도 모른다. 코를 막고 천천히 씹어보자. 아마 단맛은 인지할 수 있고 신맛도 약간 감지할 수 있을 것이다. 하지만 오렌지 맛인지, 버찌나 파인애플 맛인지는 알 수 없다. 몇 초 뒤 코를 막지 않고 집중해보라. 코가 열리는 순간 향을 감지할 수 있고, 부수적으로 단맛과 신맛도 알아차릴 수 있다. 마치 감각과 관련해 새로운 차원을 접하는 것 같을 수 있다. 코를 막은 때보다 더 많은 것을 감지할 수 있다는 점은 향을 인지하는 데 후각이 모종의 역할을 한 덕분이다.

물론 곰 모양 젤리는 매우 인위적인 맛이 난다. 하지만 이 젤리의 장점은 다양한 색깔마다 각기 다른 향을 가지고 있다는 것이다. 그러나 색깔은 달라도 질감은 서로 구분하지 못할 수 있는데, 예를 들어 다양한 과일과 비슷하다. 질감은 향을 인지하는 데 나름 한몫을 한다. 잘 준비한 실험에서는 단 하나의 변수만 바꿔야 하는데, 여기서는 향이다. 그리하여 향의 비교는 사과와 배를 비교하는 것보다 낫다. 전자의 경우 자극이 오로지 향을 통해서만 구분되며, 후자의 경우에는 향과 질감을 통해 구분되는 탓이다.

우리가 코를 막으면 목구멍에서 코까지의 통로가 열려 있는데도 방향물질을 함유한 공기는 입과 목구멍에서 코로 들어갈 수 없다. 이미 코안에 공기가 있는 까닭이다. 그래서 이 공간은 이른바 죽은 공간이 된다. 이로써 향기는 후각점막에 닿지 못하고 우리는 향기를 인지하지 못한다. 이 경우 감각적 인상은 오로지 미각으로 정해진다. 코를 열어두면 곧바로 목구멍에 있던 공기가 후각점막에 도달한다. 그리하여 후각의 차원이 미각적 인상과 어우러진다. 이 현상에서 흥미로운 점은, 우리가 향기의 자극을 감지한다는 사실을 알아차리지 못한다는 것이다. 그 대신 우리는 감각적 인상을 입에서 느끼는 미각으로 투사한다. 우리는 오렌지가 오렌지 '맛이 나고' 오렌지 '냄새가 나는' 게 아니라는 느낌을 갖는다. 실제로 오렌지는 오로지 달콤하고 신 '맛이 나며', 향기는 감각적 인상을 보충한다. 만일 후각을 상실하면, 입에서 올라오는 향기를 인지하는 능력도 상실한다.

이는 우리가 감기에 걸렸을 때 무슨 일이 일어나는지도 설명해준다. 코가 막히니까 목구멍에서 코로 교환되던 공기가 방해를 받는다. 입에서 나오는 향은 코에 다다르지 못하고 이로써 후각점막에 도달하지 못한다. 우리는 음식을 먹는 동안 그저 다섯 가지 맛만 감지하고 그 이상의 향은 느끼지 못한다. 향의 조합은 너무나 중요하기에, 우리는 모든 맛이 단조롭다고 느낀다. 이는 감기 때문에 아무 맛도 못 느껴서가 아니라, 감기 때문에 아무 냄새도 못 맡아서다. 우리에게 닭고기 죽을 만들어 가져다준 소중한 이가 요리법을 잘못 배운 게 아니다. 우리가 맛을 제대로 느낄 수 없어 죽을 제대로 즐기지 못했을 뿐이다. 만일 죽이 맛없다고 투덜거렸다면, 죽을 만들어준 이에게 사과하는 편이 좋다.

감기 외에도 다른 많은 질병과 장애가 후각을 훼손할 수 있다. 감염병과 알츠하이머병·파킨슨병 같은 뇌질환이 그 같은 질병에 속한다. 흔히 병원과 요양원에서 먹는 음식의 품질이 매우 좋지 않다고 많이 불평하지만, 이는 알고 보면 조리사의 솜씨 때문이 아니라 오히려 많은 환자가 음식 냄새를 잘 못 맡거나 전혀 맡지 못하기 때문이다. 어쩌면 우리는 가끔 이런 장소에 가서도 사과해야 하지 않을까?

일상 속 제안

몇 가지 요리가 나오는 코스 요리에서 매번 새 요리가 나올 때마다 코를 한번 막아보라. 음식 향이 어떻게 변하는가? 코를 막고 와인을 마셨을 때와 코를 막지 않고 마셨을 때의 감각적 인상을 비교해보라.

07

3차신경계

미지의 감각

이 장에서 알아볼 내용

우리는 화학적 환경을 인지하기 위해 세 번째 감각계를 지니고 있다.

3차신경계란 무엇인가.

화학적 감각들은 서로 어떻게 협력하는가.

우리는 앞 장에서 후각과 미각이 얼마나 강력하게 서로 연관되어 있는지 살펴봤다. 그렇듯 향을 인지할 때 후각은 주역을 맡는다. 그러나 이때 또 다른 부차적 요소가 중요한데, 향의 예리함과 신선함을 감지하게 해주는 부분이다. 이처럼 보충적 성격이 있는 감각계를 더 자세히 살펴보자.

나는 오래전부터 매운 음식을 좋아했다. 그래서 다양한 국가에서 나오는 열 가지가 넘는 칠리소스도 가지고 있고 후추 그라인더와 소금 그라인더 외에 고추 그라인더도 자주 사용한다. 고추는 북미에서 가장 큰 전통시장인 몬트리올 장탈롱 시장의 전문 가게에서 구입한다. 나는 멕시코 음식과 매운 소스, 빈달루(매운 카레－옮긴이) 같은 인도 음식도 좋아한다. 물론 칠리만 좋아하지는 않는다. 나는 저녁이면 아몬드 우유와 강황, 생강을 넣어 금빛 우유를 만들어 먹는데, 혀에 닿으면 기분 좋게 따끔하다. 또한 일본 스시를 먹을 때 함께 나오는 와사비도 정말 좋아한다.

아름다운 고통?
우리는 매운맛 같은 종류의 맛을 어떻게 '감지'할까

몇 년 전에 나는 한 동료가 초대해 바비큐 파티에 간 적이 있다. 이 파티에 가져갈 물건을 찾다가 슈퍼마켓에서 '스카치 보네트(Scotch Bonnets)'라는 귀여운 이름이 붙은 고추를 발견했다. 이 고추는 그야말로 작고 동그랗게 생겼고 2유로 동전보다 크지 않았으며, 길쭉하다기보다 넓적했고, 주름이 심하게 있었지만 그 밖에는 전형적인 파프리카 빛깔이었다. 포장지에 적힌 고추의 매운 정도는 '매운 끝장'으로 되어 있었다. 파티에서 내가 이 고추를 한번 먹어보자고 제안하자 처음에는 모두 거절했지만, 맥주를 어느 정도 마시고 나자 몇

몇 용감한 이들이 실험에 나섰다. 처음에 한 입 물자 그리 특별한 인상을 주지 않았기에 우리는 고추를 입안에 넣었다. 몇 초 뒤, 약간 뒤늦게 매운맛이 났고, 그다음에는 그야말로 잔인하다고 느껴질 정도의 매운맛이 우리를 습격했다. 입안에서 난 불은 숨을 턱턱 막히게 했고, 나는 매운맛이 입에서 식도와 위장에까지 번지는 것을 감지했다. 위장에서는 아무래도 약간 둔탁하게 받아들였다. 코와 눈에서 분비물이 쏟아졌다.

이 실험에 참여한 이들은 고통과 싸우기 위해 다양한 전략을 시도했다. 맥주나 물로 입을 씻는 방법은 고통을 가중시켰다. 한 명은 최대한 빨리 길거리로 나가 왕복 달리기를 했다. 누군가 우유를 마시자는 좋은 아이디어를 냈고, 그래서 우리는 집 안에 있던 모든 우유를 찾아내 들이켰다. 10분쯤 지나자, 물론 우리에게는 몇 시간처럼 여겨졌지만, 고통이 완전히 사라졌다. 우리 때문에 분위기가 엉망이 되었던 파티는 다시 정상으로 돌아왔고 우리는 마치 전투에서 승리를 거두고 집에 돌아온 영웅처럼 느꼈다. 반대로 다른 손님들 대부분은 우리가 자발적으로 그런 고통을 당한 것을 어리석게 여겼다. 나와 고통의 인식에 관심을 가졌던 또 다른 동료는 대부분의 손님과 달리 우리의 실험을 유용한 연구로 봤다.

고추는 우리 몸에 불을 붙이고 고통을 안겨주었지만, 우리가 파티에서 아무런 문제 없이 먹었던 다른 그릴 음식보다 더 뜨거운 느낌은 아니었다. 하지만 우리는 왜 점막에 불을 붙인 것 같은 느낌을 가졌을까? 또한 무슨 이유로 몇 분 뒤에 그런 느낌이 사라졌을까?

실제로 불에 타면 그렇지 않은데 말이다.

불이 난 것처럼 만드는 재료: 캡사이신 ───────

열기를 마구 발생시키는 고추 성분은 캡사이신(capsaicin)이다. 이 알칼로이드
는 가짓과(Solanaceae) 식물의 다양한 열매에서 찾아볼 수 있다. 농도가 높을
수록 그만큼 더 맵다. 매운 정도는 생리학자 윌버 스코빌(Wilbur Scoville)의 이
름을 따서 만든 스코빌 지수로 측정한다. 매운 정도를 측정하기 위해, 캡사이신
이 포함된 자극을 얼마나 강력하게 희석해야 하는지를 기준으로 한다. 파프리
카는 이렇게 계산하면 0~10이 나오고, 페페로니 고추는 100~500까지 나온
다. 이는 고추의 매운맛을 인지할 수 있는 최소한도의 자극을 일컫는 인지 역치
에 도달하려면 고추를 100~500배 희석해야 한다는 뜻이다. 타바스코 고추를
원료로 한 타바스코 소스의 매운맛 등급을 수치로 나타내면 대략 3000이다. 우
리가 실험 삼아 먹어본 스카치 보네트는 수치가 10만~35만에 달한다. 그러니
까 이 정도 수치는 타바스코 소스보다 대략 100배는 더 맵다는 뜻이다. 순수한
캡사이신은 스코빌 지수로 측정하면 1600만이다.

매운맛 수용체

캡사이신이 우리 혀에 있는 점막과 접촉하면 왜 열기와 고통을 느끼
게 될까? 온도가 변한 것은 아닌데도, 우리는 고추를 먹고 나면 전
형적으로 타는 듯한 느낌을 호소한다. 이에 대한 답은 20여 년 전부
터 잘 알려져 있다. 캡사이신 분자는 점막에서 그다지 시적이지 않
은 이름 TRPV1이라는 수용체와 도킹한다. 이 수용체의 특별한 점

은 캡사이신에 의해 활성화될 수 있지만, 42도 이상의 온도에서도 같은 효과를 낸다는 것이다. 42도라는 역치는 신체 보호에 중요한데, 이 온도에서부터 단백질이 응고하기 시작하는 까닭이다. 그리하여 이 역치를 넘어가는 온도를 분명하게 인지하는 일은 지극히 중요하다. 수용체는 두 가지 자극에 똑같이 반응하기 때문에, 뇌는 두 가지 자극을 동등하게 처리해 우리는 두 번 모두 고통을 동반한 따끔한 느낌을 인지하는 것이다. 나중에 설명할 다른 모든 수용체처럼 이 수용체 역시 입과 코의 점막에서 발견할 수 있다. 입에 있는 수용체는 뜨겁고 캡사이신을 함유한 음식과 음료를 마셨을 때 자극받으며, 코에 있는 수용체는 뜨거운 공기와 향기에 자극받는다.

TRPV1 수용체의 발견은 두 가지 측면에서 흥미롭다. 우선 진화의 시각에서 그렇다. 이 수용체는 위험할 정도로 상승한 온도로부터 신체를 보호하는 데 이용된다. 수용체가 상대적으로 높은 온도에 노출되면, 예를 들어 뜨거운 차를 마시면, 수용체는 고통을 주는 자극을 전달하며, 그러면 자극의 원천을 차단함으로써 신체를 보호할 수 있다. 이처럼 잘 작동하는 시스템은 수백만 년 전부터 존재해왔다. 따라서 수용체가 캡사이신을 인지하는 기능은 원래의 기능이아니다. 캡사이신이 수용체를 자극할 수 있다는 사실은 처음에는 순전히 우연이었다. 그러나 진화는 고추에 명백한 장점을 안겨주었다. 높은 농도의 캡사이신이 고통을 유발하는 까닭에 동물의 먹이가 되지 않았던 것이다. 척추동물 가운데 오직 한 부류만 여기에 해당하지 않는데 바로 조류다. 같은 수용체를 지닌 새들의 경우 TRPV1의 자극은 고통을 유발하지 않는다. 새의 TRPV1 수용체는 포유류의 TRPV1 수용체와는 다른 구조다. 이를 통해 캡사이신은 새의 수용체를 자극하지 못한다. 따라서 새들은 캡사이신이 든 열매로 인해 고통을 겪지 않으며, 아무런 문제 없이 먹을 수 있다. 이는 식물에게는 장점이 되는데, 새들을 통해 씨를 아주 먼 곳까지 퍼뜨릴 수 있는 까닭이다. 거의 모든 포유류는 이런 열매를 즐길 수 없다. 이로써 진화는 식물에게 자신을 보호할 수 있는 고통 시스템을 독점할 가능성을 열어주었다.

그러나 예외인 포유류가 한 종 있으니, 바로 인간이다. 인간은 캡사이신의 매운맛을 어느 정도는 즐길 수 있다. 왜 그런지, 왜 우리는 자발적으로 고통을 감수하는지에 대해 분명한 설명은 없다. 다만 일부 인간의 경우 마라톤을 하거나 또 다른 운동으로 최대한의 성과를 낼 수 있다면 기꺼이 '고통을 감수하겠다'는 메커니즘이 작동한다는 사실에서 어느 정도 유추가 가능하다. 여기서 중요한 사실은, 그들이 통제해야 하는 고통을 통해 엔도르핀이 방출된다는 점이다. 이 엔도르핀은 주지하다시피 우리에게 보상받는 느낌을 주는 호르몬이다.

하지만 TRPV1 수용체는 캡사이신에 의해서만 자극받지는 않는다. 수년 동안 우리는 그에 상응하는 따끔함을 제공하는 재료들을 찾아냈다. 생강의 매운맛의 주원인인 진저롤(gingerol), 후추에서 나오는 피페린(piperine)을 꼽을 수 있다. 그 밖에도 많다. 이 모든 성분의 공통점은, 우리가 이 성분들을 맵다고 감지하며, 이 성분들은 따끔하면서 불타는 듯한 느낌을 만들어낸다는 것이다.

TRPV1 수용체는 수용체 그룹 가운데 하나에 불과하다. 이름에서 TRP란 '일시적 수용체 전위(transient receptor potential)'이며, 이는 수용체의 기능 메커니즘을 나타낸다. 이 수용체들이 특히 흥미로운 이유는, 이 모든 수용체가 특정 온도에 속하는 영역뿐 아니라 다양한 화학 성분에도 반응하는 까닭이다. 이 수용체들은 후각·미각과는 무관한데, 자극이 다른 뇌신경, 즉 3차신경으로 전달되는 탓이다.

3차신경

3차신경은 다섯 번째 뇌신경으로 피부와 얼굴 점막의 촉각 인지를 담당한다. 이른바 체성 감각계(somatosensory system)다. 3차신경섬유 가운데 일부는 촉각 및 통증 수용체를 가지고 있을 뿐 아니라. 원래 온도를 인지하는 TRP 수용체도 가지고 있다.

코와 입의 점막에 있는 3차신경의 화학 수용체는 우리가 호흡하는 공기와 음식물 안의 성분과 직접 접촉하며 이로써 활성화된다. 이는 우리가 후각과 미각 외에 주변의 화학적 성분들을 인지할 수 있는 세 번째 감각을 가지고 있다는 의미이며, 이것이 바로 3차신경계다. 수용체는 다양하다. 미각 관련 수용체는 혀의 맛봉오리에 있으며, 후각 관련 수용체는 코 천장에 있는 후각점막에 있다. 3차신경계의 수용체는 (코와 입의 점막뿐 아니라) 점막 어디에든 있다. 그래서 고추를 만진 다음 손을 씻지 않은 채 다른 점막을 만지면 고통을 느낀다.

신선감 수용체

우리는 3차신경계의 자극이 열기, 불타는 듯한 따끔함과 고통을 불러온다는 사실을 살펴봤다. 그러나 이는 3차신경계의 유일한 수용체 작용이 아니다. 예를 들어 TRPM8 수용체는 온도 28도 영역과 그 이하에서 자극이 된다. 그래서 이 수용체는 서늘함과 신선함을 인지하고 이를 전달하는 일을 한다. 우리가 서늘한 날에 코로 공기를 마시면, 이때마다 TRPM8 수용체는 활성화된다. 그러나 이 수용체는 TRPV1 수용체처럼 다양한 화학 성분에 반응한다. 이런 성분들은 널리 알려져 있다. 특히 페퍼민트의 주성분인 멘톨, 유칼립투스의 주성분인 유칼립톨과 녹나무에서 채취할 수 있는 장뇌가 있다. 고추·생강·후추와는 반대로 페퍼민트·유칼립투스·장뇌는 맵고 불에 탈 것 같은 느낌이 아니라, 서늘하고 신선하다는 느낌을 준다. 이것이 바로 TRPM8 수용체의 효과다.

감기에 걸렸을 때 이런 성분을 괜히 사용하는 게 아니다. 상부 기도의 바이러스 감염인 감기에 걸리면 점막이 부풀어오른다. 이는 특히 코에서 알 수 있는데, 감기로 인해 코의 투기성(透氣性)이 떨어지는 까닭이다. 코를 통해 공기가 적게 들어오고 이로 인해 TRPM8 수용체가 덜 자극받기 때문에 우리는 코가 '막혔다'고 느낀다. 만일 박하향 알약을 복용하거나 호랑이 연고를 윗입술 위에 바르면, TRPM8 수용체를 화학적으로 자극하는 결과가 된다. 그러면 공기가 코로 자유롭게 드나든다고 느끼는데, 우리 뇌는 다시금 더 많은 공기가 코로 들어온다고 해석하는 법을 학습해온 것이다. 이렇게 하여 우리는 어느 정도 자신을 속이는데, 알고 보면 코 안에 들어오는 공기는 변하지 않았기 때문이다. 또한 껌도 흔히 TRPM8를 자극하는 성분을 함유할 때가 많다. 껌을 씹으면 입 안에서 신선감을 느낄 수 있으며, 이는 전형적으로 깨끗한 느낌과 연계된다. 그래서 우리는 자신의 입(그리고 상대방의 입)이 실제보다 더 깨끗하다는 인상을 받는다.

다른 느낌을 담당하는 기타 수용체

특정 온도나 화학 성분을 통해 자극받는 또 다른 3차신경 수용체들이 있다. 예를 들어 TRPA1 수용체는 17도 이하의 온도와 알리신, 아이소싸이오싸이안산알릴, 계피알데하이드를 통해 자극받는다. 첫 번째는 마늘의 매운맛에서 나오고, 두 번째는 겨자와 서양고추냉이에서, 그리고 마지막은 계피의 가볍게 따끔한 맛에 들어 있다. 이와 연관된 느낌은 서늘함이나 신선함보다 오히려 둔탁하게 타는 듯한 느낌이다. 서양고추냉이를 조금 많이 먹거나 와사비를 과카몰레로 혼동하고 먹었을 때 어떤 일이 생기는지 다들 알 것이다.

이와 달리 TRPV3 수용체는 39도 이상의 온도에서 자극받는다. 이 수용체는 따뜻한 느낌을 전달하지만 전혀 고통스럽지 않다. 정향과 육두구의 주성분인 유제놀, 백리향과 오레가노에서 전형적인 냄새를 맡을 수 있는 티몰에 의해 자극받는다. 또한 탄산수의 짜릿한 느낌을 담당하는 수용체도 있고 여타 수용체도 몇 가지 더 있다.

이처럼 3차신경계는 지극히 다양한 느낌을 감지하게 해준다. 어떤 식품이나 향이 우리에게 매운, 뜨거운, 서늘한, 신선한, 따뜻한, 불에 타듯 따끔한 느낌을 주면, 바로 3차신경계가 작용한 것이다. 화학적 감각인 후각과 미각, 3차신경계는 대체로 협력한다. 만일 우리가 박하 껌을 씹으면, 미각을 통해 껌의 달콤함을 인지하고, 박하 향은 후각을 통해, 신선함은 3차신경계를 통해 인지한다. 우리가 고추냉이와 함께 부활절 햄을 먹으면, 햄은 미각 가운데 감칠맛을 감지하도록 자극하고, 햄의 향은 후각에서 담당하며, 고추냉이는 3차신경계에 있는 TRPA1 수용체를 자극해 전형적으로 따끔한 맛을 전달한다. 만일 우리가 블러디메리(Bloody Mary: 보드카에 토마토 주스를 넣어 만든 칵테일 - 옮긴이)를 마시면, 토마토 주스는 달콤하고 짜면서도 감칠맛이 나고, 토마토 향은 후각을 통해 감지되며, 타바스코 소스는 3차신경계를 자극한다.

3차신경계: 우리 신체의 파수꾼

대부분의 향신료가 3차신경계를 자극한다는 사실은 무척 흥미로운 일이다. 우리는 반복적으로 노출됨으로써 우리의 민감성을 바꿀 수 있다. 자주 매운맛을 접하면, 시간이 지나면서 매운맛에 덜 예민해지고 그래서 동일한 매운 효과를 얻기 위해 점점 더 많은 고추를 먹어야 한다. 그렇기에 많은 인도인 또는 멕시코인은 평균적인 중부 유럽인이 결코 먹지 못하는 매운 요리를 아무런 문제 없이 먹을 수 있다. 이처럼 매운맛에 자주 노출될수록 수용체의 수는 줄어든다.

이러한 효과는 어느 시대 어느 문화권이건 중요했던 것으로 보인다. 우리는 오늘날 거의 모든 향신료를 마트에서 구입할 수 있지만, 얼마 전만 해도 이런 향신료를 손에 넣으려면 상당한 비용이 들었다. 상인들은 외국 향신료를 들여오기 위해 엄청난 고난을 겪고 위험도 감수해야만 했다. 오늘날 인도네시아에 속하는 몰루카제도뿐 아니라 탄자니아의 잔지바르섬도 과거에는 '향신료의 섬'으로 불렸고 이 같은 향신료를 얻기 위해 피비린내 나는 전쟁이 일어났다. 서양인들은 수천 년에 걸쳐 비단과 보석 외에도 후추·정향·육두구·계피를 얻기 위해 인도와 거래했다. 덜 위험하지만 더 많은 비용이 드는 바닷길을 통해 대안을 찾다가 크리스토퍼 콜럼버스는 아메리카대륙을 발견했다.

콜럼버스는 새로 발견한 미지의 땅에서 생소한 향신료를 발견할 줄은 몰랐다. 카카오·담배·토마토뿐 아니라 파프리카도 중남부 아메리카에서 나왔으며 근대 시기에 비로소 유럽에 전해졌다. 오늘날 유럽에 사는 우리는 이처럼 입맛을 돋우는 식재료가 없다는 것을 상상할 수 없다. 토마토 없는 이탈리아, 파프리카 없는 헝가리, 감자 없는 독일, 그리고 초콜릿의 재료인 카카오 없는 스위스는 어떤 나라겠는가? 만일 향신료가 중요하지 않았다면, 우리는 고대부터 동양과 향신료를 거래하지 않았을 것이고 선원들이 대안을 찾아 배를 타지도 않았고 그리하여 아무것도 발견하지 못했을 것이다. 그러니 3차신경계는 매우 중요한 역할을 한다. 우리가 음식을 먹으며 후추를 칠 때마다, 그리고 인류 역사 전체를 놓고 봐도 그렇다.

이는 다양한 맛에 대한 인상을 갖는 차원을 넘어선다. 3차신경계의 기능이 우리가 먹고 마실 때 즐거움을 주는 데만 있지는 않다. 후각과 마찬가지로 무엇보다 우리 몸이 온전한 상태를 유지할 수 있게 하는 임무도 있다. 3차신경계가 자극받으면, 기침과 재채기, 점액 및 침의 분비로 반응한다. 기침과 재채기는 몸에서 자극을 몰아내고, 분비물은 자극을 묽게 한다. 더 농도 짙은 자극이 몸에 가해지면 기도를 보호하는 다른 반응이 나오는데, 심지어 호흡을 중단하기도 한다. 이런 반응을 통해 3차신경계는 기도와 소화계를 보호한다.

앞서 3차신경계가 주변 환경의 화학적 구성 성분과 구강의 화학 성분을 분석할 수 있게 해주는 세 번째 화학적 감각임을 살펴보았다. 3차신경계는 후각과는 다른 수용체와 신경섬유에 반응하지만, 그럼에도 이 두 감각은 서로 밀접하게 맞물려 있다. 우선 자극이다. 향신료의 주성분인 화학물질이 3차신경계를 주로 자극하지만, 대부분의 방향물질은 특히 고농도 상태에서는 3차신경계를 활성화한다. 그래서 거의 모든 방향물질이 농도가 높은 상태라면 불타는 듯 따끔거리는 느낌이나 그와 비슷한 느낌을 불러온다. 후각 역치(후각이 활성화되기 시작하는 농도)와 3차신경계 역치(3차신경계가 활성화되기 시작하는 농도) 사이의 차이는 방향물질의 화학적 구조에 달려 있다. 예를 들어 암모니아는 후각을 활성화할 수 있는 비슷한 농도에서 3차신경계도 자극한다. 암모니아 냄새를 맡는 즉시, 기도는 이미 그 효과를 감지하고 기침을 시작한다. 장미수의 경우 두 가지 역치는 상당한 차이가 있다. 장미수로 3차신경계를 자극하고자 하면 상당히 높은 농도여야 한다. 그러나 기본적으로 대부분의 방향물질은 그럴 능력이 있다. 단 하나의 예외가 있는데, 바로 바닐라의 주성분인 바닐린이다. 매우 높은 농도를 유지하더라도 바닐린은 3차신경계를 활성화하지 못한다.

화학적 감각들의 상호작용

뇌에서는 후각과 미각 그리고 3차신경계 사이에 상호작용이 일어난다. 모든 시스템에서 들어오는 자극은 겹겹이 겹쳐진 형태를 띠는 뇌 영역에서 처리된다. 그러니 이 감각계들이 서로 영향을 끼친다는 사실은 그리 놀랍지 않다. 3차신경계에서 받은 자극은 동시에 도달한 후각적 자극의 강도를 약화하는 반면, 후각적 자극은 이와 동시에 제공된 3차신경계의 자극을 강화한다.

만일 화학적 감각들 가운데 하나가 빠져버리면 무슨 일이 일어날까? 2장에서 언급했듯 우리는 시각장애인이 부족한 시각적 정보를 청각과 촉각을 통해 어느 정도 보충한다는 사실을 안다. 이를 협동 가소성(intermodal plasticity)이라 한다. 청각장애인도 부족한 청각적 정보를 다른 감각으로 보충하는 능력을 보여준다. 여기서 화학적 감각은 특수한 지위를 갖는다. 그러니까 후각을 상실한 환자는 3차신경계의 자극도 잘 인지하지 못해 미각이 둔감해진다.

이처럼 화학적 감각들의 상호작용, 특히 후각과 3차신경계의 상호작용은 매우 두드러진다. 우리는 지난 수십 년 동안 개별 감각이 어떻게 작동하며 무엇에 영향을 주는지에 대해 많은 지식을 얻었다. 하지만 화학적 감각들의 상호작용에 대한 연구는 아직 미진하다. 우리는 식품을 섭취할 때 일어나는 감각적 과정을 이해해야 한다. 이때 세 가지 화학적 감각이 동시에 자극을 받는다. 향신료가 3차신경계에 전달하는 자극은 음식의 향과 다섯 가지 맛에 섞인다. 우리가 먹는 동안 향을 인지하면, 이는 마치 오케스트라 연주를 듣는 것과 같다. 세 가지 시스템이 모두 적절히 상호작용할 때에만(비올라가 바이올린을 지원하면, 금관악기나 현악기 또는 타악기 중 어느 하나가 음악을 지배하지 않으면), 비로소 우리는 방해받지 않고 완벽히 즐길 수 있다. 음악가야 많고 많지만 작품을 새롭게 창작하거나 해석할 수 있는 베토벤이나 카라얀 같은 음악가는 소수에 불과하다. 그렇듯 음식을 준비하는 사람은 많고 많지만, 대단한 요리를 할 줄 아는 사람은 실제로 소수다. 이런 요리를 제공하는 레스토랑이 지나치게 높은 가격을 제시하더라도 기꺼이 지불할 수 있는 것이다. 하지만 그럴 필요는 없다. 어머니가 만들어주는 콩 수프는 우리가 언제라도 듣고 싶은 애창곡과 같아서 변하지 않았으면 좋겠다. 여기에 매운 파프리카를 적당량 넣으면 그야말로 죽여주는 요리가 된다. 나는 이런 음식을 먹을 수 있다면 언제라도 지구 반 바퀴를 여행할 준비가 되어 있다.

일상 속 제안

와사비/서양고추냉이, 고추와 박하향 알약의 맛을 보라. 그리고 어떤 느낌인지 비교해보라. 이 재료들이 어느 정도 퍼져나가며, 코안으로 어떻게 올라오는가? 참고 먹을 수 있는 한계를 높여보라. 여러분이 일주일 동안 식사할 때마다 현재 참을 수 있는 만큼의 매운맛을 넣어보라. 그리고 한 주 뒤 매운맛을 견딜 수 있는 수준을 이전 주와 비교해보라.

진정한 후각 전문가

동물들이 우리를 앞서는 능력

이 장에서 알아볼 내용

개와 설치류는 인간보다 더 많은 후각 수용체를 가지고 있다.

그렇다고 우리가 숨을 필요는 없다.

몇 냄새는 우리가 개나 쥐보다 잘 맡는다.

사람들 가운데 냄새를 그야말로 잘 맡는 슈퍼 코들이 가끔 있다. 조향사나 소믈리에 같은 직업은 냄새를 인지하고 무엇인지 지칭할 수 있는 능력을 바탕으로 한다. 하지만 요리사도 특별히 정교한 코를 가질 필요가 있다. 물론 일 년 내내 똑같은 메뉴만 준비하는 구내식당의 조리사와 항상 새로운 요리를 창조하는 요리사 사이에는 차이

가 있다. 전기기사는 불타는 냄새를 통해 합선을 알아차려야 하고 교사는 아이가 바지에 똥을 싸면 이를 알아차릴 수 있어야 한다. 물론 소수의 선별된 엘리트가 있으며 후각이 발달하지 않거나 제한된 수준에 머무는 사람들은 와인이나 향수 전문가가 될 수 없다.

우리는 한 연구를 통해, 소믈리에 학교의 학생들은 이미 교육 초기부터 비교 조사 대상자들에 비해 후각이 더 발달해 있다는 사실을 입증했다. 코가 발달한 사람은 냄새에 더 관심을 갖기 마련이고 그리하여 이런 영역에 속하는 직업을 원하게 된다는 것은 그리 놀랄 일이 아니다. 사고를 당해 후각을 상실하면 이는 후각이 특히 중요한 직업에 종사하는 당사자에게 비극적 사건이 된다. 나도 대학 병원에서 일할 때 그런 경우를 경험했다. 수석 요리사 한 명이 자동차 사고를 당한 뒤 완전히 후각을 상실했는데, 이는 그가 아무 냄새도 못 맡는다는 것을 의미했다. 그는 기억으로만 요리했고, 새로운 요리를 만들어낼 수 없었다. 이와 같은 경우에는 생존을 위협할 수 있다.

물론 소믈리에, 조향사, 수석 요리사 중에서도 특출한 사람이 있는데, 특별히 예민한 코를 가진 사람이 자기 분야에서 스타가 된다. 몇몇 사람은 눈을 감은 채 와인을 감별함으로써 탁월한 후각을 보여준다. 그러나 이런 능력조차도 그야말로 진정한 슈퍼 코의 소유자들과 비교하면 빛이 바랜다. 바로 다른 동물들.

진정한 후각 전문가는 정말 동물 세계에서 나올까

쥐 같은 설치류와 개가 사람보다 몇 배 탁월한 후각기관을 가지고 있다는 사실은 널리 알려져 있다. 이와 반대로 인간은 주변을 무엇보다 시각을 통해 인지하며 공간 이미지를 통해 방향을 잡는다. 그래서 눈이 보이지 않으면 그야말로 심각한 장애가 되지만, 반대로 완전한 무후각증(anosmia)은 그렇지 않다. 만일 우리가 눈을 감으면 집 안에서도 방향을 제대로 찾기 어렵지만, 코는 막아도 움직이는 데 아무런 문제가 없다. 반면에 쥐와 개는 이와 다른데, 이들의 세계는 냄새를 더 많이 맡는 까닭이다.

우리는 오랫동안 동물 세계를 두 범주로 구분했다. 후각이 예민한 동물(macrosmate)과 후각이 그다지 중요하지 않은 동물(microsmate)이다. 신경생물학자 존 맥간(John McGann)은 많은 관심을 끈 논문에서, 우리 인간은 정말 냄새를 잘 못 맡는지 그래서 후각이 덜 중요한 동물에 속하는지 추적했다. 그의 논제는, 인간의 후각이 좋지 않다는 주장은 19세기 가톨릭교회의 연구로부터 영향받았다는 것이다.

신경해부학자 폴 브로카(Paul Broca)는, 다른 동물들과 달리 인간은 후각적 자극에 대해 틀에 박힌 방식의 반응이 적다는 사실을 관찰했다. 따라서 그에게는 후각과 "수준 낮은 충동이자 본능" 사이에 강력한 연관이 있어 보였다. 교회에 따르면 "신과 똑같은 모습으로 창조된" 자유의지를 가진 존재인 인간은 당연히 동물들보다 우세해야 했다. 이 같은 논리에 따르면 후각은 다른 동물들에 비해 인간에겐 덜 중요한데, 오로지 이를 통해서만 창조 과정에서 인간의 특별한 역할이 보장되었던 까닭이다. 이와 반대로 우리를 "인간적으로" 만든 뇌 영역은 전두엽이다. 이 전두엽은 영장류에게서 매우 발달했으며, 인간에게서 가장 발달했다.

전두엽: 우리 내면에 있는 예의범절에 관한 책

전두엽은 인격의 자리와 비슷하다. 전두엽은 우리가 선호하는 것을 각인해두고, 우리의 사회성에도 특징을 부여한다. 우리가 소변이 몹시 마렵지만 공공장소에서 소변을 보고자 하는 욕구를 억누른다면, 너무 배가 고파도 뷔페에서 점잖게 행동한다면, 버스 안에서 애인을 덮치고 싶은 욕구가 강렬한데도 그러지 않는다면, 이는 모두 우리의 전두엽이 고도로 발달했기 때문이다. 다른 어떤 동물에게서도 이렇게 발달한 전두엽을 찾아볼 수 없다. 사고나 치매로 전두엽에 손상을 입은 사람들을 살펴보면 인격이 바뀌는 경우를 볼 수 있다. 예의바르게 행동하던 사람이 갑자기 자제력을 잃기도 하고, 원래는 매우 조심스러운 사람이 낯선 사람을 집에 들여 돈을 주기도 하며, 엄격한 일부일처제를 존중하던 사람이 자주 섹스 파트너를 바꾸기도 한다. 또는 자기 가족을 의심하고, 배신이나 작당을 벌인다고 느끼기도 한다.

우리의 후각이 발달하지 않았다고 주장하는 이들의 첫 번째 논지는 후각망울의 크기다. 이 부위는 전두엽 아래에 있고, 콧부리 위 대략 2센티미터에 위치한다. 후각점막에서 나온 신경섬유들이 여기서 끝나고, 그리하여 후각을 처리하는 최초의 정류장이 된다. 뇌의 다른 부분, 특히 전두엽과 비교할 때 영장류의 후각망울은 인간도 그렇듯 매우 작다. 후각망울의 길이는 대략 1센티미터, 두께는 0.5센티미터이며 뇌의 총량에서 대략 0.01퍼센트를 차지한다. 이 크기는 다른 모든 동물과 비교할 때 상당히 작다. 예를 들어 생쥐의 경우 후각망울은 뇌 크기에 비하면 꽤나 큰 편으로, 뇌 전체 총량에서 대략 2퍼센트를 차지한다. 전체 뇌와 비교해서 생쥐의 후각망울이 차지하는 양을 고려한다면 생쥐의 후각망울은 인간의 후각망울보다 훨씬 두드러진다. 그러나 절대 수치로 보면 인간의 후각망울이 물론 더 크다. 우리가 어떤 수치에 주목하느냐에 따라, 후각은 생쥐에게 또는 인간에게 더 중요하다고 주장할 수 있다.

하지만 어쩌면 양은 그리 중요하지 않고, 신경세포 수가 더 중요하지 않을까? 연구팀들은 다양한 동물의 후각망울에 있는 신경세포 수를 측정해보았다. 그랬더니 놀라운 사실이 드러났다. 생쥐부터 토끼와 두더지와 인간에 이르는 다양한 종은 몸의 크기, 뇌 또는 후각망울과 무관하게 동일한 수의 신경세포를 가지고 있었다. 여기서 인간은 결코 특별하지 않았고 평균에 속했다. 인간의 후각망울은 상대적으로 작은데, 뇌의 다른 부분, 특히 전두엽이 아주 크기 때문이며, 후각이 덜 중요해서는 아니라고도 해석할 수 있다. 이로써 인간은 후각이 잘 작동하지 않아서가 아니라 전두엽이 충동을 상당히 잘 통제하는 까닭에, 후각적 자극에 대해 덜 충동적으로 반응한다.

우리 인간은 물론 개와 생쥐와 비교할 때 적은 수의 후각 수용체를 가지고 있다. 개와 생쥐는 그야말로 후각 전문가들로, 하루 중

대부분의 시간을 냄새 맡느라 보낸다. 그 밖에 생쥐는 실험실 동물로 탁월하며 모든 포유류 가운데 가장 많은 검사가 이루어진다. 인간은 후각 수용체 유전자가 대략 1000개 있지만 이 가운데 '오로지' 400여 개만 수용체로 옮겨질 수 있다. 이와 달리 생쥐의 경우에는 1100개의 유전자 가운데 1000개가 수용체로 옮겨진다. 하지만 400개도 매우 인상적인 수치다. 시각과 비교해보자. 우리는 시각을 위해 고작 네 가지 수용체를 가지고 있으며, 하나는 흑백을, 나머지는 각각 빨간색·초록색·파란색을 담당하는 수용체다. 이런 시각 수용체를 가지고 우리는 수천 가지 색깔을 인지하는 것이다. 그런데 후각 시스템은 시각 수용체보다 100배나 많은 수용체를 가지고 있다! 따라서 우리는 매우 많은 후각 수용체를 가지고 있으며, 다만 생쥐의 수용체보다는 확실히 적기에 우리의 세계는 덜 복잡하게 냄새를 맡지 않을까 추측해본다. 그럼에도 우리는 생쥐가 가진 수용체의 절반 가까이 되는 수용체를 가지고 있다.

후각 수용체 정보는 유전자에 저장된다. 후각 수용체를 담당하는 유전자는 그래도 총 유전자 정보의 대략 2퍼센트를 책임진다. 만일 후각이 정말 중요하지 않았다면, 진화는 후각 수용체를 위해 게놈(genome, 유전 정보)의 2퍼센트를 할애하지 않았을 것이다. 물론 후각 수용체의 경우 개인차가 매우 크다. 이런 개인차는 냄새에 관한 한 왜 다양한 기호가 존재하는지, 왜 많은 사람이 땀 냄새를 특히 불쾌하게 느끼는지, 왜 어떤 사람들은 고수를 좋아하지 않는지 설명해준다. 우리는 다양한 수용체를 가지고 있고 이로 인해 각자는 (일란성 쌍둥이를 제외하고) 세상을 다르게 냄새 맡는다.

우리는 생쥐나 개보다 후각 수용체가 적지만, 다른 영역에서는 이 동물들보다 더 탁월하다. 냄새를 해석하는 뇌 영역은 전두엽에 속하는 전전두피질(prefrontal cortex)이다. 이 부분은 인간이 다른 종들보다 훨씬 더 발달해 있다. 이런 조건으로 인해 우리 인간은 적은 후각 수용체로 적은 정보를 받지만 더 많이 파악할 수 있다. 우리는 후각 정보를 언어로 번역할 수 있고, 전후 사정을 고려해 해석할 수 있다.

우리는 개에 비해 성능이 형편없는 후각을 가지고 있을까? 이 질문에서도 후각의 기능이 무엇인지가 중요하다. 우리는 아마도 다른 개들의 엉덩이 냄새를 맡거나 어떤 개가 가로등에 오줌을 누었는지 냄새로 확인하는 일을 개들처럼 잘할 수는 없다. 10장('입체적으로 냄새 맡기')에서 살펴볼 텐데, 인간도 냄새의 흔적을 따라갈 수 있지만 이는 당연히 개가 더 잘한다. 많은 국가에서는 범죄 혐의자를 쫓기 위해 개들을 투입하고, 심지어 헝가리에서는 법정 증거로 채택한다. 다른 한편 우리 인간은 와인의 포도 품종을 알아보고 설명하며, 향수를 조합하거나 새로운 요리를 개발하는 일을 더 잘할 수 있다. 우리는 더 많이 판매하려고 세제와 청소제품 속에 냄새를 의도적으로 넣을 수 있으며, 가스 누출을 경고하기 위해 가스에 냄새가 나는 재료들을 섞는 아이디어를 낼 수도 있다. 우리 인간은 냄새를 상상할 수 있고, 심지어 냄새와 후각에 관해 온갖 책도 쓸 수 있다!

우리는 생각보다 냄새를 더 잘 맡을 수 있다
―우리에게 중요한 것

우리의 후각은 실제로 주목할 만한 가치가 있다. 두세 개 이상의 원자로 구성된 거의 모든 휘발성 분자를 우리는 인식할 수 있다. 이때 후각은 진화 과정에서 한 번도 접해보지 못한, 그야말로 새로 합성한 재료조차 냄새를 맡아 구분하고 인지할 수 있다. 그런 재료들이 휘발성을 띠고 구조가 길지 않다면 말이다. 우리는 수백만 가지의 냄새를 구분할 수 있다. 그런가 하면 어떤 책에서는 우리가 구분할 수 있는 냄새의 수를 1조로 추정한다! 이 발표는 나중에 몇 가지 통계상 조작이 있었기에 비판받았으나, 어쨌든 시각에서는 1000만 가지 색을 구분할 수 있다고 하니 그보다는 훨씬 더 많다.

 그러나 동물 세계의 후각 전문가들과 비교한다면 우리는 얼마나 냄새를 잘 맡을까? 흥미롭게도 인간과 다른 종들을 비교한 연구가 몇 개 있다. 이런 연구들은 전형적으로 냄새를 인지하는 역치를 조사했다. 그러니까 냄새를 인식하기 시작하는 최소치는 이런 냄새가 해당 종에게 생태학적으로 얼마나 중요한지에 달려 있다는 사실이 확인되었다. 동물은 식물이나 다른 동물을 먹어야 산다. 그리하여 후각의 주요 기능 가운데 하나는 먹이의 소재를 찾아내고 이 먹이의 품질을 분석하는 데 있다. 해당 먹이의 냄새에 대한 인지 역치가 낮은 탓에 익은 과일을 가장 일찍 알아차리는 잡식동물은 가장 많은 과일을 먹고, 영양 섭취를 가장 잘할 수 있으며, 이는 진화상의 장점이 된다. 따라서 익은 과일의 냄새를 낮은 농도에서도 알아봐야 한다는 압박감이 진화 과정에서 잡식동물에게 강력하게 작용했을 것이다. 육식동물에게는 그런 압박감이 크지 않으며, 이들은 과일과는 그다지 상관이 없다.

발달사를 살펴보면 인간은 잡식성(채식주의자와 비건에게는 미안해요!)에 속하고, 반면 개는 육식동물이다. 몇몇 연구에서 개와 인간을 비교한 바 있다. 일부 향기에서 인간은 개와 생쥐보다 냄새를 더 잘 맡았다. 그러니까 더 낮은 후각 역치를 지니고 있었다. 특히 과일, 그리고 카복실산과 황 화합물을 함유한 식품일 경우 그랬다. 어떤 냄새들은 생쥐와 개가 우리보다 명백히 우세하지는 않고 다만 조금 더 예민할 뿐이었다. 이런 냄새들이라면 우리 인간이 적어도 이 후각 전문가 동물들만큼, 또는 일정 부분 더 잘 맡을 때도 있다.

고기 냄새와 신체 냄새는 어떨까? 이 또한 상황에 따라 다르다. 그런 예가 인간의 피에 들어 있는 성분인 에폭시-디시널(epoxy-decenal: 포유류의 혈액에 있는 일종의 불포화 알데하이드로, 특유의 쇠 냄새가 나는 성분—옮긴이)이다. 우리는 핏속에 이런 성분이 없는 후각 전문가 생쥐보다 이 성분의 냄새를 잘 맡는다. 어딘가 숨어 있을 인간의 피를 일찌감치 감지하고 잠재적 위험을 피하는 것이 진화적으로 인간에게 이롭게 작용했을 것이다.

또한 후각에는 사회적 성분도 있다. 우리는 다행스럽게도 인사한다고 개들처럼 엉덩이 냄새를 맡지 않아도 된다. 하지만 한 이스라엘 연구팀은, 상대와 악수를 한 사람들이 그렇게 하지 않은 사람들에 비해 오른손으로 더 자주 코를 만진다는 사실을 입증했다. 이를 통해 한 사람에게서 다른 사람으로 화학적 감각 신호가 전달되었는지는 아직 논쟁 중에 있다. 그러나 우리는 자신의 체취로 다른 사람에게 영향을 줄 수 있다는 사실을 안다. 이 모든 일이 무의식적으로 이루어지는데도 그렇다. 체취가 공동생활을 위해 얼마나 중요한지에 대해서는 앞으로 더 상세히 연구가 진행될 것이다.

이런 말들이 의심스럽게 들리는가? 귀여운 강아지들은 냄새를 맡는 데 우리보다 더 뛰어나다. 강아지들은 가로등마다 킁킁거리며 우리가 전혀 알지 못하는 냄새를 맡고는 한다. 하지만 우리 인간은 후각의 다른 기능에 있어서 개들을 능가할 수 있다. 우리에게 가로등 냄새는 중요하지 않으며, 어떻게 영양을 섭취할 것인지가 중요하다. 그래서 코 뒤쪽의 냄새에 관해서라면 우리는 매우 예민한 코를 갖고 있다고 볼 수 있다. 다시 말해 구강에서 나오는 냄새의 지각이다. 우리는 이곳에서 나오는 냄새를 개보다 더 세부적으로 잘 맡는데, 이는 구조가 다르기 때문이다. 우리는 음식을 먹으면서 씹고 즐긴다. 충분한 시간 동안 입안에 있는 음식물을 감지하는 것이다. 그러나 개는 모든 것을 순식간에 삼켜버리는데, 심지어 가장 좋아하는 음식도 마찬가지다. 개는 우리가 먹다 남긴 음식도 좋아하지만, 우리는 개 사료가 남았다고 해서 그것을 먹지는 않을 것이다.

어쩌면 다음과 같은 예가 설득력이 있겠다. 우리 인간은 영양 섭취에 많은 돈을 지불한다. 뭔가 축하할 일이 있으면, 레스토랑에 가서 즐기거나 뭔가 훌륭한 음식을 요리한다. 음식은 우리 인간에게 매우 중요하다. 우리는 모두 좋아하는 음식이 한두 가지는 있다. 아스파라거스를 곁들인 쇠고기 스테이크일 수도 있고, 멜란차네 알라 파르미자나(가지와 토마토, 파르메산 치즈를 넣고 오븐에 구운 이탈리아 음식—옮긴이)일 수도 있고, 또는 감자나 버터빵을 곁들인 비너슈니첼(송아지 고기에 빵가루를 입혀 튀긴 오스트리아 음식—옮긴이)일 수도 있다. 좋아하는 음식을 식사할 때마다 먹는다고 상상해보라. 이틀이나 사흘 정도는 잘 먹지만, 그 이상은 아닐 것이다. 결국 그 음식을 더 이상 좋아하지 않게 될 수도 있다. 인간은 기분전환을 필요로 하고, 항상 새로운 자극을 원한다. 탐정계의 최고 스타인 개는 다르다. 개는 같은 사료를 매일 먹어도 되고 그럼에도 너무나 행복하고 감사해할 수 있다. 그런데 사람들은 그렇게 하면 불만을 품고 들고 일어선다.

누가 진정한 후각 전문가인가라는 질문에 대한 답은 후각 전문가가 무엇을 의미하는지에 따라 달라진다. 개와 생쥐는 우리보다 많은 후각 수용체를 갖고 있으며 뇌에 비해 비교적 큰 후각 구조를 지닌다. 개는 후각을 통해 믿기 힘든 일들을 해낼 수도 있다. 그렇다고 해서 우리 인간이 의기소침해져 숨을 필요는 없다. 우리는 각자 자신의 방식대로 후각 전문가라 할 수 있다.

일상 속 제안

여러분의 개를 훈련해보라. 맛있는 간식을 숨겨두었다가 개에게 보여준다. 그런 다음 점점 난이도를 높여, 개가 이 간식을 찾을 때마다 보상을 해준다. 개가 어떻게 킁킁거리는지 관찰하라. 개가 찾기 힘들게 하려면 어떻게 해야 할까? 바람이 들어오는 곳에서는 더 찾기 힘들어질까? 사람들이 악수한 뒤에 어떻게 행동하는지 관찰해보라. 자신의 코나 얼굴을 만지는 사람이 얼마나 되는가?

냄새의 대가는 훈련으로 만들어진다

후각 훈련은 뇌를 어떻게 변화시킬까

이 장에서 알아볼 내용

후각 전문가는 뇌도 특별하다.

우리는 후각을 훈련할 수 있다.

후각을 훈련하면 뇌도 바뀐다.

미국의 많은 도시 가운데 라스베이거스는 특별하다. 20세기 초반 네바다주 사막 한가운데에서 건설되기 시작했고, 오늘날에는 대도시가 되었다. 이 거대도시 라스베이거스에는 200만 명이 산다. 1930년대에 도박이 합법화되었다. 오늘날까지 도박은 이 도시의 경제와 이미지를 지배한다. 매년 4000만 명의 관광객이 이 사막 도시를 방문

한다. 이 오락산업 주변으로 미식의 세계가 발달했다. 대부분의 카지노는 호텔과 연계되어 있고, 호텔에서는 보통 레스토랑을 운영한다. 패스트푸드 체인점 외에도 다양한 레스토랑과 술집이 있으며, 그중 일부는 최고 수준의 레스토랑들이다. 이런 레스토랑은 놀라운 요리뿐 아니라, 전 세계에서 들여온 뛰어난 와인도 제공한다. 고객에게 훌륭한 와인을 추천할 수 있도록 이런 레스토랑은 세계적인 소믈리에를 고용한다.

소믈리에 ─ 예민한 코를 가진 와인 전문가

소믈리에는 와인 전문가다. 레스토랑에서 소믈리에는 손님들에게 전문가로서 와인을 추천한다. 이들은 손님의 취향을 파악하고 분석해야 하며, 요리와 가장 잘 어울릴 수 있는 와인을 추천한다. 소믈리에는 와인 선정과 와인셀러 관리에도 관여한다. 여러분이 와인 산지, 생산 과정, 보관, 생산연도에 관한 지식을 쌓으려면 많은 와인을 마셔봐야 한다. 따라서 후각 전문가에 대해 알아보고자 한다면 소믈리에는 완벽한 연구대상이다.

소믈리에 교육은 국가와 법규에 따라 다양하다. 소믈리에 선발을 독점하는 몇몇 소믈리에 기관이 있다. 가장 명망 높은 단체는 '코트 오브 마스터 소믈리에(Court of Master Sommerliers, CMS)'로, 이곳은 매우 어려운 교육과정을 통과한 사람들에게만 '마스터 소믈리에' 자격을 준다. '마스터 소믈리에'가 되려면 시간과 돈도 필요하지만, 무엇보다 탁월한 후각의 소유자여야 한다. 이를 위해 자신의 후각과 기억을 (수십 년은 아닐지라도) 몇 년은 단련한다. '마스터 소믈리에'는 전 세계에 250여 명 있으며, 이들은 세계 최고의 레스토랑들에서 일한다.

나의 연구팀은 후각 전문가들의 뇌가 어떻게 작동하는지 이해하기 위해 바로 이들에게 관심을 가졌다. 소믈리에는 후각 전문가로서 특별히 흥미로운 대상인데, 이들을 통해 수년 동안의 후각 훈련이 뇌에 어떤 작용을 했는지 조사할 수 있었기 때문이다. 이에 관해서는 나중에 서술하겠다.

후각은 뇌의 보디빌딩이다

장기간의 훈련이 뇌에 영향을 준다는 사실은 점점 더 분명해지고 있다. 수십 년 동안 낡고 시대에 뒤떨어진 다음과 같은 지식이 여전히 전해졌다. 즉, 뇌의 신경세포는 새로워질 수 없으며, 사춘기 이후 뇌는 더 이상 변하지 않는데, 예외적으로 질병으로만 변할 수 있다는 것이다. 이러한 진술의 신빙성은 지난 몇 년 동안 많이 낮아졌다. 오늘날 우리는 성인들에게서도 신경세포가 새로 교체될 수 있다는 점을 안다. 이는 물론 여전히 규칙에서 벗어난 예외에 속하지만, 인간 신체의 세 가지 구조에서는 새로운 신경세포들이 이전 세포들로부터 만들어질 수 있다. 첫 번째는 측두엽에 있는 해마로, 동물 해마의 모양을 한 이 구조는 장기기억과 공간기억을 담당한다. 두 번째는 후각망울로, 전두엽에 있는 뇌의 이 작은 부속물은 후각적 자극을 최초로 처리하는 곳이다. 세 번째는 코의 후각점막인데, 이곳에서는 후각 수용체가 꾸준히 새로 만들어진다.

이에 관한 독보적 연구는 2000년 런던에서 이루어졌다. 앨리너 매과이어(Eleanor Maguire)를 중심으로 한 연구팀은 런던 택시운전사들의 뇌를 MRI로 촬영해보았다. 택시운전사는 면허를 따려면 '지식(The Knowledge)'이라는 시험을 치러 6만 개가량의 런던 거리 이름을 아는지 증명해야 한다. 응시자들은 2년 동안 이 시험을 준비한다. 그래서 런던 택시운전사는 기억 전문가이며, 특히 공간 정보와 관련해 그렇다.

연구진이 밝혀낸 사실은 전문가들에게 엄청난 충격을 주었다. 택시운전사들의 경우 공간 능력을 담당하는 구조인 해마 뒷부분이 대조군에 비해 훨씬 두꺼웠다. 또 이 일을 오래 해온 운전사들은 초보 택시운전사에 비해 해마 두께가 훨씬 두꺼운 편이었다. 이 연구는 훈련으로 뇌 구조가 변한다는 사실을 최초로 입증했다. 더 최근에 이루어진 연구들은 전문적 훈련뿐 아니라 단기적 연습도 뇌 구조를 바꾼다는 사실을 입증하고 있다. 심지어 노년층에게도 기억 훈련은 기억력을 향상시키고 기억을 담당하는 뇌 영역을 두껍게 만들 수 있다.

라스베이거스의 소믈리에 연구

나는 2013년에 몬트리올 맥길 대학의 실험실에서 박사후연구원을 함께한 여자 동료 한 명으로부터 이메일을 받았다. 그는 보물을 마주했다고 했다. 이 보물이란 바로 라스베이거스의 '마스터 소믈리에'였다. 나도 이들에 관해 들은 바 있었으나, 놀랍게도 라스베이거스는 샌프란시스코와 뉴욕에 이어 마스터 소믈리에가 세 번째로 많은 도시였다. 나의 여자 동료는 이 소믈리에들과 연락이 닿았고 과학적 연구를 통해 그들의 뇌를 조사해도 된다는 허락을 받았다.

이 동료는 내가 오래전부터 후각에 관심을 기울였고, 후각적 예민함과 뇌 구조 사이의 관계를 이해하고자 한다는 사실을 알고 있었다. 그는 마스터 소믈리에들을 함께 연구하자고 나에게 제안했다. 그는 무엇보다 이 전문가들의 경이로운 기억에 관심이 많았고, 나는 후각 훈련이 뇌에 어떻게 영향을 주는지에 관심이 있었다.

준비

내가 맡은 과제는, 연구 대상자들이 MRI 스캐너에 누워 있는 동안 자동으로 후각 자극을 제공할 장비를 구해오는 일이었다. 우리는 또한 마스터 소믈리에 한 사람의 뇌가 다른 비교 대상자와는 다르게 후각 자극에 반응하는지도 알고 싶었다. 해당 장비는 후각측정기(olfactometer)이며, 수십만 유로에 달할 정도로 비싸다. 이 비용이면 실험 예산이 너무 많아져 1인 프로젝트 예산과는 비교가 안 된다. 내 연구소에는 뇌의 활성화를 측정할 수 있는 장비인 뇌자기도(Magnetoencephalography)가 있었다. 과학자들은 이 장치를 통해 예를 들어 시각장애인의 뇌 처리 방식을 조사한다. 이때 손가락에 촉각 자극을 주는 장비도 사용한다. 최근에 우리 연구소는 새 장비를 구입했기에 낡은 장비를 넣어두었다. 우리는 이 낡은 장비를 촉각 자극이 아닌 후각 자극을 주도록 개조했다.

몇 번의 시험 가동을 해본 뒤 우리는 직접 개조한 후각측정기를 투입할 준비를 마쳤고 라스베이거스로 보냈다. 나도 이곳에 도착해 이 장비를 다시 시험해봐야 했는데, 운송 도중 손상되었기 때문이다. 다행히도 잘 수리할 수 있었고 나는 남은 기간을 라스베이거스에서 실험을 진행하며 보냈다. 내가 할 일은 대부분 끝났고 나는 몬트리올로 돌아가 긴장하며 결과를 기다렸다.

연구는 매우 오래 진행되었다. 우리는 가능하면 많은 마스터 소믈리에를 대상으로 실험하고 싶었다. 라스베이거스에는 11명이 일했고 모두 실험에 참여했다. 나의 여자 동료는 또 다른 마스터 소믈리에 두 명을 인근 캘리포니아에서 불러오는 데 성공했다. 일반적으로 냄새를 맡는 사람들과 비교하기 위해, 우리는 특별히 와인을 자주 마시지 않는 같은 나이대 조사 대상자들도 모집해야 했다. 맨 먼저 몇 가지 일반적인 후각 검사를 실시했고, 이로써 우리는 소믈리에들이 또래 비교군에 비해 훨씬 냄새를 잘 맡는다는 사실을 확인하고 싶었다. 결과적으로 그렇게 되었는데, 전문가들은 후각 검사에서 더 나은 결과를 보여주었다. 그런 다음 연구에 참여한 소믈리에들은 MRI 장비가 있는 방으로 들어갔다.

MRI 스캐너

MRI 스캐너는 성능이 탁월한 기계다. 이 기계는 자기장을 만들어내며, 지구 자기장에 비해 10만 배는 더 강력하고 냉장고 자기장보다 1000배 더 강력하다. 신체에 있는 모든 수소원자가 평행한 모습을 띠게 하려면 그렇게 강력한 자기장이 필요하다. 수소원자들이 평행이 되어야 신체에 있는 수소 분포를 파악할 수 있다. MRI는 신체에서 물의 분포를 보여주며, 따라서 뇌처럼 뼈가 없는 부분도 물의 분포로 사진을 찍을 수 있다. 오로지 뼈와 치아 같은 딱딱한 조직만 볼 수 있게 해주는 X선과는 반대다. 스캐너는 안전구역으로 둘러쌓여 있으며, 이 구역에 금속 물질을 넣으면 안 된다.

스캐너가 사진을 찍는다. 1초에 여러 장을 찍으며, 1000분의 몇 초 동안 부수적으로 자기장이 생성된다. 그리고 이 자기장은 1초도 안 되는 짧은 시간에 붕괴한다. 우리는 MRI 스캐너를 거대하고 육중한 확성기라고 상상해볼 수 있다. 1초에 수차례 귀를 먹게 할 정도로 엄청난 소리를 방출하는 확성기 말이다. 조사 대상자의 귀가 먹지 않으려면, 귀마개나 귀보호대를 착용해야 한다.

진행

실험에 참가한 소믈리에들은 환자복으로 갈아입고 안전구역으로 들어와 나중에 스캐너 통 속으로 밀어넣는 테이블에 누웠다. 이 통은 지름이 70센티미터밖에 되지 않아서 폐소공포증이 있는 사람에게는 문제가 될 수 있다. 이어 참여자들의 콧구멍 안에 호스를 집어넣는데, 이 호스를 통해 향기 자극을 투입할 수 있다. 참여자들의 오른손은 아주 작은 자판을 쥐고 있는데, 이것으로 우리와 소통할 수 있다. 그리고 왼손에는 작은 공을 쥐어주어, 참여자들이 갑자기 패닉 상태에 빠질 경우 언제라도 실험을 중단하고자 하면 공으로 신호를 보내게 했다. 그런 다음 귀마개와 귀보호대를 썼고 마침내 테이블이 스캐너 통 속으로 들어갔다.

귀마개 안에 장착해둔 스피커에는 금속이 포함되지 않았고, 우리는 이 스피커로 실험 대상자들과 소통할 수 있었다. 우선 고해상도로 뇌를 촬영했다. 이 사진으로 나중에 대뇌피질의 두께와 뇌의 다양한 부위에 있는 백질(white matter)의 양 같은 뇌 구조를 자세히 살펴볼 수 있다. 이어 우리는 참여자들에게 후각 관련 과제를 주었다. 우선 코 호스로 냄새를 보내 화이트 와인인지 레드 와인인지 알아맞히게 했다. 이를 진행하는 동안 계속해서 참여자들의 뇌 사진을 찍었다. 이 사진들은 나중에 소믈리에들의 뇌가 다른 비교군에 비해 얼마나 다르게 작동하는지 볼 수 있게 해준다. 총 한 시간이 지나서야 참여자들은 스캐너에서 벗어날 수 있었다.

결과

자료 수집이 끝나고 우리는 자료를 평가했다. 스캐너가 찍은 사진은 수천 픽셀로 이루어지고, 참여자 한 사람당 수백 장의 사진을 찍었다. 우리는 소믈리에들과 비교군이 어디서 다른지 찾아보았다. 실제 결과는 예상대로였다. 소믈리에들이 스캐너에서 와인 냄새를 맡고 레드인지 화이트인지 분간할 때, 비교군에 비해 더 많은 뇌 영역이 활성화되었다. 특히 후각적 자극을 처리하는 뇌 영역이었다. 더 많은 활성화는 결국 뇌 구조에도 영향을 끼친 듯했는데, 마스터 소믈리에들의 뇌는 그 구조가 달랐다. 해마 옆의 측두엽에 있는 내후각피질(entorhinal cortex)의 두께가 비교군보다 훨씬 두꺼웠다. 우리를 매료시킨 이 작은 구조는 기억뿐 아니라 후각에도 중요한 역할을 한다고 알려졌다. 이 구조가 후각 기억의 중심이다.

보통 대뇌피질의 두께는 뇌 전체에서 나이가 들며 줄어든다. 그래서 소믈리에들의 내후각피질이 이 일에 오래 종사할수록 더 두꺼워졌는지는 매우 흥미로운 사안이다. 결과는 런던의 택시운전사 연구 결과와 일치했다. 게다가 비슷한 시기에 프랑스 연구팀도 우리와 비슷한 의문을 품고 전문 조향사들을 검사했다. 이들 역시 후각중추의 피질이 두꺼웠고 해당 직업에 오래 종사할수록 더 두꺼웠다. 따라서 이 모든 것은 후각 전문가들이 지속적 훈련을 통해 자신들의 뇌를 바꾸며 이로 말미암아 기능이 더욱 향상됨을 말해준다.

뇌를 훈련하면 어떻게 될까

우리가 뇌 훈련을 하면 뇌피질에는 무슨 일이 일어날까? 해마·후각망울·후각점막을 제외하고 신경세포들은 늘어날 수 없다. 이를 이해하려면 우리 뇌의 생리학을 더 상세히 살펴봐야 한다. 뇌는 수십억 개 신경세포의 연결망이다. 신경세포들의 세포체는 회백질(gray substance) 안에 있으며, 특히 뇌피질에서 그렇다. 우리 신체의 다른 세포들에 비해 신경세포가 가진 특별함은 신경세포들끼리 서로 정보를 주고받을 수 있다는 것이다. 이는 신경전달물질을 통해 이루어진다.

신경전달물질 ─────────────────────

하나의 신경세포가 자극받으면, 이 세포는 신경전달물질 또는 전령물질인 화학물질을 방출한다. 다른 신경세포를 자극하거나 억제하는 작용을 하는 다양한 신경전달물질이 있다. 하나의 신경세포는 단 하나의 전령물질만 가지고 있다. 만일 신경세포가 자극받으면, '불이 나서' 신경전달물질을 방출한다. 신경전달물질에 따라 다른 신경세포가 자극받거나 억제되는데, 이 신경세포들은 이번에는 자기들이 다른 신경세포를 자극하거나 억제할 수 있다. 한 신경세포가 전령물질을 다른 세포에게 방출하는 장소를 시냅스(synapse, 고대 그리스어로 '함께 쥐다'라는 뜻)라고 부른다. 이곳에서 양측 신경세포들은 약간 두꺼워지는데, 그렇게 해서 서로 근접한다. 뇌피질의 신경세포 하나는 다른 신경세포들과 연결하는 수천 개의 시냅스를 가지고 있으며, 이 신경세포들 각각은 또 다른 신경세포들과 수천 개의 시냅스로 연락한다. 우리 뇌에서는 1000분의 1초 만에 수백만 개의 시냅스에 신경전달물질을 방출하여 신경세포들을 자극한다.

뇌에 있는 수십억 개의 신경세포가 자극받음으로써, 우리는 주변을 지각하고 움직임을 조정하며, 감정을 느끼고 의식을 발전시킬 수 있다. 훈련을 통해 우리는 시냅스에 영향을 줄 수 있다. 신경세포들의 수는 바뀌지 않지만, 한 신경세포의 시냅스들 수는 바뀔 수 있다. 자주 자극받는 신경세포는 드물게 활성화되는 신경세포에 비해 더 많은 시냅스를 만든다. 훈련된 신경세포는 더 자주 활성화해 다른 신경세포들과 점점 더 많은 시냅스를 형성하는 것이다. 그래서 전체적으로 봤을 때, 뇌피질의 해당 부위는 갈수록 두꺼워진다. 우리가 조사한 소믈리에들의 경우 특히 후각과 기억을 담당하는 뇌 영역이 그랬다. 그들의 뇌는 직업으로 인해 지속적으로 바뀌었다.

우리 모두가 직업적으로 훈련받은 슈퍼 코를 가지지는 못한다. 그렇지만 이러한 지식을 어떻게 이롭게 활용할 수 있을까? 많은 연구가, 훈련하면 뇌의 다양한 영역에 영향을 주어 성인의 나이에도 뇌가 바뀔 수 있다는 사실을 보여준다. 꾸준한 훈련으로 우리는 성과를 향상시키는 데 그치지 않고, 뇌 구조 자체에도 영향을 줄 수 있다. 우리는 36명의 건강한 실험 참여자를 대상으로 후각 훈련을 실시했고, 이들은 6주 동안 매일 실험실을 방문했다. 그 가운데 절반은 후각 훈련을 받았는데, 매일 냄새를 맡고 구분해야 했다. 그러니까 농도에 따라 향기를 구분하고 향이 섞여 있을 때 구성 성분이 무엇인지 파악했다. 매일 20분씩 모든 참여자가 후각을 훈련하면 어떤 결과가 나오는지 보기 위한 실험이었다. 참여자의 나머지 절반은 동일한 훈련이지만 알록달록한 띠를 가지고 실험했다. 이 실험은 후각과 전혀 상관이 없었고, 우리는 이를 통해 불특정 훈련의 효과를 관찰하고자 했다.

우리는 실험 시작 시점과 7주 뒤 실험 종료 시점에 MRI 촬영을 했다. 훈련이 뇌에 영향을 주었는지, 그랬다면 어느 정도 영향인지 확인하기 위해서였다. 부수적으로 후각도 측정했다.

우선 우리는 후각 훈련이 후각 능력에 영향을 준다는 사실을 관찰할 수 있었다. 후각을 훈련한 실험 참여자들은 이전에는 비교군과 비슷한 후각 능력이었으나, 훈련을 마친 뒤에는 6가지 다양한 후각 과제 모두에서 비교군을 능가했다. 그러니까 후각적 인식, 여러 가지 냄새 구분하기와 후각 역치에 있어서 그랬다. MRI 결과에 따르면 후각 훈련 그룹은 훈련 뒤 후각기관계의 다양한 중추 영역이 두꺼워졌다. 이는 마스터 소믈리에들만큼은 아니었는데, 6주간의 후각 훈련은 수십 년의 후각 경험에 비할 바가 아니기 때문이다. 하지만 6주 만에 나타난 이 변화는 상당한 것이었다.

우리는 아직 연구 초기 단계에 있으며, 앞으로 다양한 대상을 통한 연구 가능성이 많다. 이런 연구들이 쌓이면, 이 효과를 환자 치료에도 활용할 수 있다는 것이 입증될 수도 있다. 예를 들어 후각 훈련은 후각을 상실한 환자를 도울 수 있다. 이에 대해서는 11장에서 살펴볼 것이다. 수년간의 후각 훈련이 우리 기억을 보편적으로 향상시킬 수 있는지는 아직 확실하지 않다. 이런 질문에 확실히 답하려면 우리는 더 많은 실험 참여자들에게 MRI 촬영을 허락해달라고 설득해야 한다.

일상 속 제안

매일 여러분의 후각과 미각을 재미 삼아 훈련해보라. 여러 가지 식품이나 음료에 들어 있는 다양한 향을 맡아보고, 무슨 향인지 이름을 말해보라. 개별 성분이 무엇인지 집중해서 맞춰보라.

평상시에도 여러분의 코를 훈련할 수 있다. 눈, 비, 금방 깎은 잔디, 지하철 옆

좌석에 앉은 승객에게서 나는 피자 냄새, 아침과 저녁의 공기? 여러분이 받은 후각적 인상을 가능하면 정확하게 언어로 옮겨보라. 대화 상대방을 위해서든 자신을 위해서든 상관없다.

10

입체적으로 냄새 맡기

콧구멍은 왜 두 개일까

이 장에서 알아볼 내용

우리의 코가 고딕양식 대성당과 연관 있는 까닭.

냄새 맡는 기술에서 개가 우리보다 앞서는 점.

우리 코는 바이러스와 독성물질로부터 우리를 어떻게 보호하는가.

동료 연구원과 나는 연구실에서 컴퓨터로 일하고 있었다. 그런데 갑자기 우리는 어리둥절했고 뭔가 독특한 느낌이 들었다. 이상한 냄새가 났고 우리는 킁킁거리며 냄새를 쫓기 시작했다. 자리에서 일어나 복도에 나가보니 냄새가 더 강렬했지만 어디서 나는지 알지 못했다. 우리는 코를 따라서 구석으로 가보았다. 그랬더니 그곳에서 아주 강렬한 냄새가 났다. 우리는 분명 용매제를 쓰고 있는 노동자를 보았다. 우리의 주의를 끈 것은 바로 그 용매제였다.

이 짧은 이야기에서 후각의 여러 가지 기능을 알 수 있다. 우선 후각은 경고 기능이 있다. 우리는 호흡할 때마다 공기에 위험한 성분이 있는지 분석한다. 이를 통해 독성물질을 들이마시지 않게 해준다. 다른 한편으로 후각은 냄새의 자취를 따라가 냄새의 원천을 발견할 수 있게 해준다. 이는 냄새의 출처가 먹을거리일 수도 있지만 위험의 원천일 수도 있기에 매우 중요하다. 따라서 냄새가 나는 지섬을 아는 것은 생존을 위해 지극히 중요하다. 어쩌면 우리는 그런 능력이 산업화된 문명사회에서 더 이상 중요하지 않다고 생각할 수 있지만, 오늘날에도 여전히 우리에게 필요하다.

나는 몇 년 전 7월에 정원에서 독특하고 달콤한 냄새가 난다고 느꼈다. 이 냄새는 며칠 태양이 비치며 따뜻해지자 점점 더 강해져 나를 불쾌하게 만들었다. 어느 시점이 되자 더 이상 참을 수 없었고 그래서 정원 전체를 샅샅이 살펴보았지만 원인을 찾을 수 없었다. 그런데 구석 한 모퉁이에서 냄새가 매우 강렬하게 났고, 그곳은 이웃집 울타리와 가까웠다. 나는 이웃집 초인종을 눌렀고 이웃집 여자와 함께 냄새의 원인을 찾아 나섰다. 마침내 우리는 발견했다. 그의 정원에 있는 작은 정자 뒤편에 부패가 많이 진행된 고양이 사체가 있었던 것이다. 지나치게 상세히 묘사하고 싶지는 않다. 하여튼 우리는 신속히 동물 사체를 처리하는 업체에 알렸다. 다행히도 고양이 사체를 발견한 뒤 곧장 비가 왔고, 그래서 빗물이 마지막으로 남아 있던 냄새마저 깨끗이 씻어갔다. 그런데 우리는 어떻게 냄새가 나는 곳을 찾을 수 있을까?

우리의 코: 건축의 걸작

코를 자세히 한 번 살펴보자. 코는 얼굴 중심부에 위치하고 비교적 큰 편이다. 두 개의 입구인 콧구멍은 상대적으로 작다. 코 내부의 비강은 좁기는 하지만 위아래로 상당히 넓은 공간이 있다. 나는 빈에 있는 슈테판대성당처럼 고딕양식 대성당에 코를 즐겨 비유한다. 슈테판대성당 광장에 서면, 정면이 그야말로 인상적이다. 대성당 입구는 비교적 작고 흔히 방문객들로 인산인해를 이루고 있을 때가 많다. 한 번쯤 대성당 안으로 들어가본 사람의 눈에는 화려한 모습의 교회가 펼쳐진다. 이 대성당은 다른 모든 고딕양식 성당들과 비슷하게 높이 솟아 있지만, 상대적으로 좁고 뒤로 뻗어 있다. 코도 바로 그런 모습이다. 비강은 좁지만, 콧구멍에서 거의 10센티미터 뒤로 들어가야 비후강 벽면에 닿는다. 만일 우리 콧구멍이 더 컸더라면, 집게손가락 전체를 코안에 넣을 수도 있었을 것이다.

　그러나 코는 대성당과 몇 가지 차이가 있다. 우선 비강을 둘로 분리하는 비중격(코사이막)이다. 이것은 두 콧구멍 사이에서 시작해 뒤 콧구멍에 해당하는 후비공(後鼻孔)까지 뻗어 있다. 이곳이 비강과 인후의 경계다. 코사이막은 비강을 분리하고 콧구멍도 두 개이니, 원래는 코가 두 개라 할 수 있다. 코사이막은 보통 똑바르지 않다. 두 비강 가운데 한쪽이 항상 다른 한쪽보다 약간 더 넓다. 만일 이비인후과 의사가 비중격 만곡증을 진단하더라도 불안해할 필요는 없다. 편차가 매우 크다면 외과의사가 조정할 수 있겠지만, 대부분 그럴 필요는 없다. 우리는 보통 숨을 들이쉴 때 두 개의 콧구멍이 있다는 사실을 잘 인식하지 못하며, 예외적으로 감기에 걸려 한쪽 콧구멍이 막히면 그제야 알아차린다. 그러고는 막힌 콧구멍이 다시 뚫리면 매우 기뻐한다. 우리 신체 구조 가운데 극소수만 진화 과정에서 쓸모없어진 잔여물로 아무 기능도 하지 못한다. 왜 콧구멍은 두 개일까? 이 질문에 답하기 전에 다른 감각기관인 눈과 귀를 살펴보기로 하자.

본보기는 입체음향과 입체시각?

과학자들은 보통 사람들과 별반 다를 바 없이 게으르다. 그래서 직접 문제의 해결책을 발견하는 대신 다른 사람의 아이디어를 수용하는 경우가 많다. 우리는 아무 이유 없이 두 개의 귀와 두 개의 눈을 가지고 있는 게 아니다. 우리의 청각은 여러 소리를 정교하게 시간에 따라 해결할 수 있다. 우리는 소리가 양쪽 고막에 닿는 시차를 통해 어느 방향에서 소리가 나오는지 계산할 수 있다. 이런 차이를 '두 귀의 시간차(interaural time difference)'라고 한다. 만일 소리가 동시에 두 귀의 고막에 닿으면, 소리의 출처인 음원은 우리 앞이나 뒤에 있다. 소리가 오른쪽 고막에 먼저 닿고 이어 왼쪽 고막에 닿으면, 음원은 우리 오른쪽에 있다. 소리가 왼쪽 고막에 먼저 닿고 이어 오른쪽 고막에 닿으면, 우리 왼쪽에 음원이 있다. 우리는 이를 의식하지 않은 상태에서 뇌간으로 계산하고, 결과는 놀랍게도 매우 정확하다. 우리의 두 귀는 공간에서 귀를 자극하는 원천이 어디인지 파악할 수 있게 해준다. 이런 과정이 입체음향(stereophony)이다.

우리 눈도 3차원 방향을 안내해준다. 망막에 맺히는 상은 무엇보다 대상물에 따라 달라진다. 이 대상이 망막 가까이에 있고 사람인 경우에는 두 눈에 다른 상이 맺힌다. 반대로 멀리 떨어진 대상물은 양쪽 망막의 상이 매우 비슷하다. 한 공간에 가까이 있든 멀리 있든 다양한 대상물이 있을 때, 우리는 다양한 상으로부터 선택해 재구성할 수 있다. 현대적 방법을 동원하면 우리는 이를 인위적으로 만들어낼 수 있다. 예를 들어 VR(가상현실) 안경이 다양한 영상을 두 눈에 보내면 이 안경을 쓴 사람은 대상을 그야말로 3차원으로 생생하게 보게 된다. 영화관에서 쓰는 3D 안경도 같은 효과를 낸다. 이 효과는 어디서나 동일하다. 그러니까 두 개의 망막에는 아주 비슷하지만 약간은 다른 상이 맺힌다. 우리 뇌는 이로부터 대상이 얼마나 멀리 떨어져 있는지 계산한다. 물론 이 과정이 의식적으로 진행되지는 않는다. 이런 효과가 입체시각(stereoscopy)이다. 이는 우리 주변의 깊이를 알아보게 해준다. 이로써 입체음향과 입체시각은 두 가지 독립적인 센서를 통해 우리 주변의 자극원이 어디인지 알게 해준다.

후각에서도 이런 게 가능할까? 이 질문과 처음 씨름했던 이들 가운데 한 명이 게오르크 폰 베케시(Georg von Békésy)였다. 그는 헝가리 태생의 미국 생물물리학자로 1961년 속귀에서 어떤 과정이 진행되는지에 관한 발견으로 노벨상을 수상했다. 그의 지식은 청각 이해에서 획기적인 것이라 할 수 있다. 그는 청각의 의문을 해결한 뒤 다른 감각으로 시선을 돌렸는데, 특히 후각에 관심을 가졌다. 그는 정확한 양으로 다양한 향기를 방출할 수 있는 장치 하나를 조립했다. 그리고서 몇 가지 연구를 한 뒤 그 결과를 1964년에 발표했다. 그는 정향·유칼립투스·라벤더처럼 일상에서 사용하는 방향물질을 투입했고, 이로부터 다음 결론에 이르렀다. 즉, 향의 원천에 대한 위치 확인은 두 콧구멍이 감지하는 향의 강도 차이와 도달 시간 차이를 인식함으로써 가능해진다는 것이다. 우리의 눈과 귀에서처럼 후각을 통해 자극원의 위치를 파악할 수 있다고 그는 분명히 확신했던 것 같다.

나중에 다른 연구자들에 의해 이는 사실이 아닌 것으로 드러났다. 문제는 베케시가 연구에 사용한 방향물질에 있었다. 정향·유칼립투스·라벤더는 7장에서 다루었던 3차신경계를 자극한다. 그래서 우리는 이런 향기를 따끔거리는(정향), 신선한(유칼립투스), 또는 가볍게 찌르는 듯한(라벤더) 느낌으로 지각한다. 베케시가 관찰했던 것은 향이 3차 화학 감각에 미치는 효과이며, 후각에서 받아들이는 3차 작용이 아니다. 이후 연구가 보여주었듯, 순수한 향(그러니까 오로지 후각만 자극하는 향)은 두 콧구멍 사이의 차이를 통해 위치 확인이 되는 게 아니다. 이것이 쥐와 귀상어 같은 다른 동물들과 다른 점이다.

내가 우리집 개처럼 냄새를 잘 맡을 수 있을까

이 말은 우리가 후각에서 공간적 조건에 관한 정보를 끄집어내지 못한다는 의미일까? 이 장의 초반에 들었던 사례가 보여주듯 그렇지 않다. 이 분야에서 가장 덩치 크고 유명한 전문가인 개를 살펴보자. 개는 사람의 가장 충실한 친구이며 수천 년 전부터 인간과 함께했다. 개는 가축이면서 유용한 동물로 길러졌다. 개는 양을 지키고 보초를 섰으며, 사냥이나 정탐, 추적하는 일에 투입되었다. 개는 냄새 맡는 전문가다. 개를 데리고 산책을 해봤다면, 개가 그야말로 모든 곳에서 킁킁대며 냄새 맡는다는 사실을 잘 알 것이다. 개는 사람에 비해 후각 수용체가 세 배나 많고 후각점막도 아주 크다. 그렇지만 사람처럼 개도 콧구멍은 두 개뿐이다.

　개는 냄새를 입체적으로 맡을까? 개들이 어떻게 자취를 쫓는지 따라가보면, 분명한 패턴이 드러난다. 개는 자취를 잃어버릴 때까지 추적한다. 그런 다음 자취를 다시 발견할 때까지 탐색하기 시작하고, 그러면 다시 얼마 정도 따라가다가 또다시 자취를 잃는다. 이 놀이는 반복되며, 개는 냄새의 출처를 발견할 때까지 또는 지칠 때까지 지그재그로 자취를 따라간다. 말하자면 개는 입체적으로 냄새를 맡지 않으며, 우리가 냄새의 출처를 찾을 때와 똑같이 행동한다.

우리 역시 고개를 돌리거나 심지어 양방향으로 킁킁거리며 냄새를 맡는다. 냄새가 더 강하게 나는 곳을 감지하자마자, 우리는 그쪽에서 냄새가 흘러나왔다는 사실을 안다. 우리는 냄새를 다시 잃어버릴 때까지 또는 교차로에 이를 때까지 움직인다. 우리가 냄새의 원천을 다시 찾거나 지칠 때까지 이 모든 일을 반복한다.

얼마 전까지만 해도 사람은 개처럼 탁월한 후각 능력을 발휘할 수 없다고 믿었다. 캘리포니아 대학교 버클리 캠퍼스 연구팀은 사람의 후각 명예를 되찾고자, 사람도 냄새의 흔적을 따라갈 수 있는지 조사했다. 개와 달리 총에 맞은 토끼 냄새는 우리에게 구역질을 불러일으키는 탓에, 더 매혹적인 향기를 선택해야 했다. 연구팀은 대부분의 사람이 좋아하는 향을 선택했으니, 바로 초콜릿이다.

캘리포니아 대학교 버클리 캠퍼스의 초콜릿 실험

연구원들은 대학 캠퍼스 잔디밭에 초콜릿 흔적을 깔아놓았다. 이어 연구 참가자들은 눈가리개와 귀보호대, 두꺼운 장갑을 받았는데, 후각을 제외하고 다른 감각 정보를 차단하기 위해서다. 물론 참가자 모두가 능력을 증명하지는 못했으나, 3분의 2는 처음부터 10미터나 되는 흔적을 따라가는 데 성공했다. 그들은 개와 마찬가지로 따라갔다. 그러니까 지그재그 모양으로 흔적을 뒤따라갔다. 연구원들은 이렇게 흔적을 찾는 능력이 훈련을 통해 향상되는지 궁금했다. 그리하여 참가자들에게 매일 세 번 새로운 초콜릿 냄새의 흔적을 따라가는 연습을 시켰다. 그러자 2주간 연습한 참가자들은 그야말로 '추적자'로 변신했다. 훈련이 끝나갈 즈음 참가자들은 오류를 훨씬 적게 범했고 처음과 비교하면 두 배는 더 빨리 흔적을 따라갔다.

이 연구에 따르면, 우리는 개처럼 냄새의 흔적을 쫓아갈 수 있지만 이런 능력을 향상시키는 훈련을 별로 하지 않는다고 볼 수 있다. 하지만 냄새 추적은 우리에게 별 의미가 없다. 우리 인간은 다른 감각, 무엇보다 시각 능력이 매우 발달한 까닭이다. 우리는 후각 정보를 통해 공간적 관계에 대한 정보를 도출해낼 수 있다. 이때 우리는 두 콧구멍으로 들어오는 냄새를 동시에 입체적으로 비교하는 게 아니라, 서로 다른 머리 위치를 비교하면서 그렇게 한다. 고개를 왼쪽으로 돌리면 냄새가 약하고, 오른쪽으로 돌리면 냄새가 강한 것이다. 따라서 냄새가 나는 원천은 오른쪽에 있어야 한다. 이로써 우리는 냄새 탐색의 최고 전문가인 개와 동일한 전략을 사용한다.

우리의 '문지기'―코 순환과정

이 모든 것은 아직 우리의 콧구멍이 왜 두 개인지에 대해 답해주지 않는다. 두 개의 콧구멍, 그리고 하나의 넓은 공간이 아니라 두 개의 비강을 갖게 된 데는 진화상의 이점이 있어야 한다. 과학은 이 의문에 대해 후각과는 전혀 상관없는 대답을 내놓았다. 코의 점막은 호흡할 때마다 온갖 해로운 성분(박테리아·바이러스·곰팡이 등)에 노출되곤 한다. 냄새를 맡는 과제 외에 코가 맡는 일은 호흡하는 공기를 데우고, 촉촉하게 만들며, 깨끗하게 하는 일이다. 이 모든 것은 폐를 보호하기 위해서다. 그렇게 하지 않으면 우리는 바이러스에 노출될 때마다 감기가 아니라 폐렴에 걸릴 것이다. 공기 속에 들어 있는 먼지와 병원체는 코안에서 깨끗하게 걸러진다. 그러니까 먼지와 병원체는 폐로 들어가지 못하고 코안에 머문다.

면역계가 이같이 병원체를 처리할 수 있도록 한쪽 비강에서는 더 많은 피를 공급한다. 이를 통해 면역계에 있던 백혈구가 더 많이 코 점막에 도착해 병원체를 퇴치할 수 있다. 이처럼 더 강력한 혈액순환으로 인해 한쪽 비강의 점막은 다른 쪽 점막에 비해 항상 더 많이 부풀어오른다. 그리하여 한쪽 비강은 통과하기가 더 어렵다. 이런 일이 몇 시간 지속된 뒤에 부풀어올랐던 점막이 가라앉으면 다른 쪽 점막 차례가 된다. 이것이 코 순환과정이다. 이 과정에서 코를 통과할 수 있는 최대 공기와 코에서 깨끗이 걸러낼 수 있는 최대치 사이에 절충점이 만들어진다. 우리는 대체로 한쪽 콧구멍이 다른 쪽 콧구멍보다 더 막혀 있다는 사실을 알아차리지 못하지만, 감기에 걸렸을 때는 예외다. 감기에 걸리면 두 콧구멍의 점막이 모두 어느 정도 부풀어오르고 코의 순환과정을 통해 부차적으로 더 부풀어올라 콧구멍이 완전히 막히게 된다. 이로 인해 자는 동안 코로 숨을 쉬기가 어렵다. 잘 때 고개를 옆으로 돌려 누우면, 콧구멍 하나가 열려 호흡이 약간 쉬워진다. 만일 막혔던 콧구멍이 마침내 다시 뚫렸다는 것을 알아차리면, 다른 쪽 콧구멍이 막힌다.

물론 진화의 관점에서 왜 어떤 특징이 그런 상태로 되었고 다르게 되지 않았는지 설명하기는 늘 어렵다. 그러나 우리가 냄새를 맡기 위해 두 개의 콧구멍을 갖고 있는 게 아니라, 오히려 항상 한쪽이 냄새를 맡고 공기를 데우고 촉촉하게 만드는 동안, 다른 한쪽은 이른바 재검토를 하는 듯하다. 이 모든 것은 우리의 코가 매우 복잡하다는 사실을 보여준다. 코는 냄새를 맡기 위해서만 존재하는 게 아니라, 생존에 필요한 다른 많은 기능을 위해 존재한다. 다음에 우리가 코감기에 걸리든 고딕양식 성당을 닮은 코를 보고 감탄하든, 거울 앞에서 코를 관찰할 때 그 같은 점을 생각해보자.

일상 속 제안

눈을 감고 여러분이 감지하는 다양한 소리가 어디서 들려오는지 맞춰보라. 눈을 감은 채 소리의 방향을 가리킨 다음 눈을 떠보라. 여러분이 청각에 아무 문제가 없다면, 소리가 들려오는 방향을 가리키고 있어야 한다. 이제 같은 실험을 후각으로 해보라. 눈을 감고 누군가에게 냄새 나는 물체(예를 들어 커피나 빵)를 코의 왼쪽이나 오른쪽에 들고 있어달라고 부탁한다. 우선 여러분은 고개를 가만히 두어야 한다. 방향을 가리킬 수 있는가? 냄새 나는 물체를 왼쪽 또는 오른쪽에 두면서 실험을 여러 번 반복해보라. 이제 전체 과정을 다시 해보는데, 이번에는 고개를 왼쪽, 오른쪽으로 번갈아가며 돌려본다. 냄새의 원천이 어디인지 가리킬 수 있는가?

11

후각 상실

코가 더 이상 작동하지 않으면

이 장에서 알아볼 내용

후각장애는 널리 퍼져 있다.

후각장애의 원인은 매우 다양하다.

후각장애에 사용할 수 있는 치료법.

우리 대부분은 어디서든 어느 정도 냄새를 맡는다. 우리는 호흡할 때마다 주변 냄새들을 얼마간 들이마신다. 그리하여 수천 개의 다양한 분자가 우리 코에 들어오고, 호흡하는 동안에는 대체로 코에 들어온 냄새를 의식하지 못한다. 하지만 많은 상황에서, 그러니까 냄새 농도가 특히 짙거나 우리가 특정 냄새를 기대한다면, 냄새를 인식하게 된다. 아침에 뜨거운 커피를 마실 때, 동료가 애프터쉐이브 로션을 사용할 때, 점심에 생선 메뉴가 나오는 구내식당에 갈 때, 그리고 사업 파트너의 호흡에서 양파 향이, 영화관에서 팝콘의 버터 냄새를 맡을 때가 그런 경우다. 냄새는 우리에게 주변 환경의 화학적 구성 성분에 관한 정보를 제공하고 우리가 위험에 빠지지 않도록 경고한다.

다양한 후각장애

아무 냄새를 못 맡거나 조금밖에 냄새를 맡지 못하는 사람들이 있다. 우리는 인구 가운데 대략 5퍼센트가 후각적 인식을 전혀 하지 못한다고 본다. 이렇듯 냄새를 인지하는 못하는 것을 무후각증이라 한다. 인구 가운데 15퍼센트는 후각 기능이 떨어지는 후각감퇴(hyposmia) 상태다. 또 다른 형태의 후각장애도 있다. 후각착오(parosmia)는 질적으로 전혀 다른 냄새를 인지하는 질환이다. 당사자는 냄새를 맡기는 하지만, 실제로 맡아야 하는 냄새가 아닌 다른 냄새로 인지하는 것이다. 예를 들어 바닐라 향을 고무 탄내로 맡는 탓에, 바닐라 향이 나는 모든 것에서 고무 탄내를 맡는다. 또한 환후각(phantosmia)도 일종의 후각장애다. 이 증상의 경우 냄새가 나는 원천이 없는데도 어떤 냄새를 맡게 된다. 이 질환을 앓는 사람들은 끊임없이 한 가지 냄새가 나며, 그것도 항상 똑같은 냄새라고 불평하곤 한다. 이때 당사자들이 환각 상태가 아님을 확인하는 일은 중요하다. 후각착오나 환후각이 얼마나 큰 스트레스일지 상상할 수 있지만, 그렇다고 해서 정신질환자가 될 가능성은 없다. 대체로 후각착오와 환후각의 경우 냄새를 잘못 맡아서 불편하며, 좋은 냄새를 맡는 일이 매우 드물다.

대략 5명 중 1명은 후각장애가 있으며, 이는 비교적 많은 편이다. 시각의 경우 그 수는 훨씬 적다. 서구사회에서는 국민의 0.2퍼센트 정도가 앞을 전혀 보지 못하며 1.3퍼센트가 시각장애를 앓고 있지만, 개발도상국에서는 실명인 사람이 훨씬 많다. 서구사회에서는 대략 0.1퍼센트가 들을 수 없고, 6퍼센트까지 경증에서 중증으로 청각장애를 앓고 있다. 그러니 후각장애는 시각이나 청각 장애보다 훨씬 광범위하게 퍼져 있다. 태어날 때부터 냄새를 맡지 못하는 사람은 (있기는 하지만) 극소수이며, 대부분은 살아가면서 후각을 잃는다.

다양한 기저질환이 후각 기능에 제약을 가할 수 있다. 이런 질환은 크게 다섯 가지 범주로 나뉜다.

코점막 질환

후각장애가 있는 사람들은 코점막이나 부비강(副鼻腔, 코곁굴)에 문제가 있는 경우가 제일 많다. 환자의 4분의 1에서 2분의 1 사이는 기저질환인 만성 비부비동염을 앓으며, 코와 부비강의 점막에 만성적으로 염증이 생긴다. 이런 질환을 앓는 당사자들은 후각 능력 감소는 물론이거니와 드물지만 후각을 완전히 상실하기도 한다. 그리고 흔히 후각 능력의 동요가 심한데, 안 좋은 기간이 며칠 또는 몇 주 가다가 나아지고는 한다.

만성 비부비동염은 다양한 방식으로 후각을 손상시킬 수 있다. 염증이 생겼을 때는 점막이 부풀어오르며, 점막이 잘 증식한 형태인 용종이 만들어지는 경우도 많다. 이 두 가지 모두 비강의 최상부층에 위치하며 냄새를 맡을 수 있는 틈새로 진입하는 길을 기계적으로 막아버릴 수 있다. 이로 인해 후각세포와 접촉하는 공기가 적어지거나 전혀 없을 수 있고 당사자는 냄새를 잘 못 맡거나 전혀 맡을 수 없다. 하지만 이러한 손상은 기계적으로만 일어나지 않는다. 모든 조직에서 염증은 이른바 다섯 가지 주요 증상을 동반하기 마련이다. 라틴어로 표현하자면 루보르(Rubor, 발적), 돌로르(Dolor, 통증), 투모르(Tumor, 종양), 칼로르(Calor, 열), 그리고 풍크티오 라이사(Functio laesa, 기능상실)이다. 코점막에 염증이 생기면 기능 손상이 생기는데, 이를테면 폐에 도달하는 촉촉하고 따뜻한 공기가 부족해지거나, 후각세포가 손상을 입어 제대로 기능하지 못한다. 기계적 장애와 줄어든 기능으로 인해 환자는 숨을 잘 쉴 수 없다.

만성 비부비동염으로 환자가 고통당하고 있다면, 좋은 소식과 나쁜 소식이 있다. 좋은 소식은 만성 비부비동염이 잘 치료된다는 점이다. 이 염증은 코에 뿌리는 스프레이나 알약 형태의 코르티손으로 치료할 수 있다. 그래도 나아지지 않으면, 이비인후과 의사가 외과적으로 개입해 해당 점막을 잘라낼 수 있다. 두 가지 방법 모두 효과가 좋으며, 코 호흡을 수월하게 해주고 후각장애를 효과적으로 없애준다. 물론 나쁜 소식도 있다. 상태가 좋아진 호흡은 보통 계속 유지되지 않는다는 점이다. 대부분의 경우 사람들은 무엇이 염증을 일으키는지 안다. 그것은 진드기 알레르기 때문일 수 있고, 감염이나 잘 알려지지 않은 또 다른 요인일 수 있다. 다소 심각할 수도 가벼울 수도 있는 기저질환이 변덕스러운 후각장애의 원인일 수 있다. 여름이면 우리는 자주 야외에 나가 신선한 공기를 충분히 마시고, 그래서 집 먼지와 진드기에 덜 노출되어 염증이 줄어든다. 그런데 가을이 되면 염증은 다시 심해지고 후각은 더 많은 손상을 입는다. 잘 알려진 기저질환이라면 당연히 잘 치료할 수 있고, 집의 진드기도 오늘날에는 효과적으로 퇴치할 수 있다. 유감스럽게도 대부분의 경우 이렇지 않고 치료는 오로지 증상만 다룰 뿐이다. 만일 의사가 개입해 만성 염증의 원인을 완화하지 못하면, 만성 비부비동염의 경우 후각장애 치료를 받고 잠복기간이 어느 정도 지난 뒤 다시 원래대로 돌아가버리는 양상이 나타난다.

두개골-뇌 외상

후각장애를 일으키는 또 다른 원인은 두개골-뇌 외상을 들 수 있다. 심지어 가벼운 뇌진탕으로도 후각장애를 일으킬 수 있다. 우리는 아직 뇌진탕을 통해 후각섬유가 찢어지는지 잘 모른다. 후각섬유란 코의 후각세포들을 후각망울과 뇌에 연결해주는 기능을 한다. 또한 뇌진탕을 통해 후각섬유가 줄어들고 그리하여 뇌의 후각중추에 손상을 주는지도 모른다. 아마도 누군가 사고를 당한 뒤 후각을 상실하면 이 두 가지 메커니즘이 작용하지 않나 싶다. 이처럼 '외상 후 후각장애'에 관한 흥미로운 관찰 사례가 있다.

우선 그 같은 후각장애는 외상을 입은 뒤 며칠 안에 자주 나타난다. 우리는 한 연구를 통해 환자의 3분의 2가 두개골-뇌 외상을 입은 지 2주 안에 후각장애로 고통당한다는 사실을 알아냈다. 여기에서 '고통당한다'는 표현은 적절하지 않을 수 있는데, 대다수가 후각장애를 의식하지 못하는 까닭이다! 의도적으로 후각 검사를 실시한 이후에야 비로소 냄새를 매우 조금만 맡거나 아예 맡지 못한다는 사실이 드러난다. 우리는 환자들이 병원 음식에 대해 늘어놓는 불평을 자주 들었다. 왜냐하면 환자들은 코 뒤쪽 후각이 감퇴해 음식 맛을 잘 인지하지 못하는 까닭이다.

더 관찰해보자. 환자들은 사고를 당한 뒤 며칠 또는 몇 주 뒤에야 비로소 후각이 감퇴했다는 사실을 깨달았다. 이는 뇌진탕을 겪으면 처음에는 후각장애보다 더 심각한 증상들, 즉 두통과 구토, 그리고 눈이 빛에 예민하게 반응하는 광민감성 같은 증상들을 더 중요하게 여기는 탓이다. 첫 2주 동안 대부분의 환자에게 후각 인지 능력의 감퇴가 나타나지만, 시간이 지나면 증상이 완화된다. 이로부터 우리는 후각장애를 일으키는 원인들이 시간이 지나면서 흡수된다고 결론지을 수 있다. 후각섬유가 후각점막에서 새롭게 성장하거나 그렇지 않으면 뇌 중추의 탈구로 인해 부풀었던 부분이 시간이 지나면서 가라앉는 것이다. 그러나 몇몇 환자는 계속해서 냄새를 맡지 못하는데, 우리는 아직도 그 원인을 모른다. 생활 태도의 관점에서 보면 젊은 남성에게 이러한 증상이 비교적 많이 나타나는데, 이는 두 개골-뇌 외상을 많이 당하는 이들이 바로 젊은 남성이어서다.

우리는 2019년에 실시한 연구에서 놀라운 사실을 관찰했다. 사고 이후 첫 며칠 또는 몇 주 동안 후각장애를 보인 환자들의 경우 6~12개월 이후에는 후각 기능이 정상으로 돌아왔으나, 이들은 우울증이나 불안장애 같은 증상에 더 시달렸다. 앞으로의 연구에서 우리는 후각과 우울증의 연결고리가 뇌 중추에 있다는 가설을 조사할 것이다. 후각 정보는 물론 감정도 뇌의 같은 영역에서 처리하는데, 바로 뇌의 가장 오래된 부위인 대뇌변연계다. 뇌진탕은 이 영역의 손상을 일으키는 것으로 보인다.

우리 가설이 맞다면, 심각한 단계의 후각장애는 며칠이나 몇 주 만에 일어난다. 후각장애는 시간이 지나면서 사그라들지만, 장기적으로 그 손상은 대뇌변연계의 구조상 변화를 초래하며, 이는 기능상의 손상을 가져와 우울증과 불안장애로 표출될 수 있다. 이런 증상은 뇌진탕을 겪은 뒤 장기적으로 안게 되는 가장 중요한 손상에 속한다. 앞으로 실시할 연구는, 뇌진탕을 겪은 환자가 나중에 우울증이나 불안 증세 같은 질환을 앓을 위험성이 높은지를 후각 검사로 조기에 알 수 있는지 보여줄 것이다.

독감과 감기

(일시적인) 후각장애를 일으키는 또 다른 원인으로 기도 상부의 바이러스 감염을 들 수 있다. 감기에 걸리면 코점막이 부풀어올라 호흡

을 힘들게 하고 그리하여 후각 기능을 해칠 수 있다. 감기가 나으면 (치료받지 않으면 7일은 가고 치료받을 경우 일주일이면 낫는다는 농담이 있다) 후각 기능은 다시 정상으로 돌아온다. 그러나 환자 중 4분의 1은 독감이나 심한 감기를 앓고 나서도 후각이 돌아오지 않는다고 호소한다. 어떤 메커니즘에 따라 감염이나 면역계 반응이 후각장애를 일으키는지에 대해서는 아직 알려져 있지 않다. 그러나 이런 종류의 후각장애가 특히 폐경기 이후의 50~60대 여성에게 나타난다는 사실은 매우 흥미롭다. 이 나이대 남성이 그런 후각장애를 앓는 경우는 훨씬 적기 때문에, 호르몬이 원인일 가능성도 있다. 하지만 남자들이 같은 나이대 여자들만큼 후각장애를 잘 인지하지 못하거나 후각장애를 그리 심각하게 여기지 않는다고 추측해볼 수도 있다.

그런 종류의 후각장애일 경우 완벽한 무후각증은 드물며, 오히려 후각감퇴일 경우가 많은데, 이때는 흔히 후각착오와 연계된다. 이런 증상을 앓는 환자들은 (만성 비부비동염이나 뇌진탕으로 후각에 문제가 생긴 환자들과 반대로) 특별히 공공연한 기저질환이 없는 탓에, 흔히 자신의 몸에 문제가 있다고 보고 여러 의사를 찾아가지만 병명을 알지 못한다. 아주 일부 병원에서만 환자들에게 후각장애 진단을 내린다. 이와 관련해 기도 상부 감염 이후 겪는 후각장애는 '바이러스 감염 후' 후각장애로 불리며, 후각 훈련을 하기에 가장 좋다.

후각 훈련

후각 훈련은 현재 대부분의 후각장애 치료에서 가장 효과가 좋은 치료법이다.

만성 비부비동염도 마찬가지다. 이를 위해 환자들은 아침과 저녁에 몇 가지 냄새를 맡아야 한다. 다양한 연구에서 4~6가지 냄새가 사용되었다. 일반 가정에서 맡을 수 있는 냄새들로, 바닐라·정향·계피·유칼립투스 같은 것들이다. 중요한 점은 이런 훈련을 적어도 6주 이상 해야 하며, 12주 이상이면 더 좋다. 이는 냄새를 전혀 맡지 못하는 사람에게는 경우에 따라 매우 좌절감을 안겨줄 수 있지만, 그래도 훈련할 만한 가치가 있다. 여러 연구에 따르면, 특히 기도 상부의 바이러스 감염 이후 이런 훈련을 통해 후각 기능이 눈에 띄게 향상되었다고 한다. 유감스럽게도 모든 환자가 나아지지는 않지만, 그래도 후각 훈련은 손쉽게 실행할 수 있고 부작용도 없다. 훈련한 지 2~3주 지나 증상이 전혀 호전되지 않더라도 훈련을 지속해야 한다는 사실은 아무리 강조해도 지나치지 않다. 정확한 메커니즘은 아직 모르지만, 후각 훈련은 후각점막과 뇌 사이의 새로운 연결을 구축할 수 있는 싹을 틔우는 일과 같다.

알려지지 않은 원인

또 다른 그룹은 이른바 특발성 후각장애를 앓고 있다. 여기서 '특발성(idiopatic)'이란 후각장애를 일으키는 원인을 알 수 없다는 의미다. 다음 장에서 살펴보겠지만, 몇몇 환자는 알츠하이머병이나 파킨슨병처럼 증상이 없는 신경퇴행성 질환의 초기 형태에서 특발성 후각장애를 앓는 경우가 있다. 하지만 대부분의 환자가 그렇다는 말은 아니다. 일반적으로 이런 환자들은 후각을 서서히 잃는다. 자신들이 맡을 수 있는 냄새가 점점 줄어들다가 결국 거의 냄새를 맡지 못하거나 완전히 맡지 못하고 만다. 후각의 상실은 30대와 70대 사이에 시작될 수 있다.

　우리는 외상 후 후각장애와 바이러스 감염 후 후각장애의 메커니즘을 아직 모르며, 특발성 후각장애는 더 불가사의하다. 또한 우리는 치료받을 수 있는 기저질환이 있는지 알지 못하며, 특발성 후각장애는 단순히 감기에 걸릴 때마다 후각이 조금씩 나빠지는 현상이 거듭되어, 그러니까 여러 차례 바이러스 감염 후 후각장애를 앓게 된 것인지도 알지 못한다.

드문 형태

후각장애 가운데 상대적으로 드물게 나타나는 형태도 있다. 화학적인 산(酸)과 증기처럼 독성이나 부식성 성분에 노출되거나, 단기적 사고를 겪거나, 장기간 흡연을 하면, 후각이 감퇴하거나 심지어 후각을 상실할 수도 있다. 적어도 흡연으로 인한 후각 상실은 치유 가능하다는 사실이 밝혀졌다. 담배를 끊으면 후각은 분명히 더 좋아지고 정상으로 돌아온다. 또한 드물지만 코나 전두개와(前頭蓋窩)에 생기는 종양은 후각을 잃게 만들 수 있다. 이런 종양은 흔히 후각을 담당하는 부위를 압박해 손상을 가하는 경우가 많다. 그렇기에 알 수 없는 원인으로 후각에 장애가 생겼다면 믿을 만한 의사는 그런 종양을 확인하기 위해 통상적으로 MRI 검사를 실시한다. 수많은 질환, 예를 들어 당뇨, 신부전이나 간부전 같은 내과적 질환, 또는 파킨슨병과 알츠하이머병, 다발성 경화증 같은 신경성 질환도 후각장애를 가져올 수 있다.

선천성 후각장애

후각에 손상을 입힐 수 있는 중요한 원인으로 두 가지가 더 있다. 우선 아주 드물지만 후각을 잃은 채 태어나는 사람이 있다. 바로 선천성 무후각증이다. 무후각증 환자 중 단 1퍼센트만이 선천적이며, 나머지 99퍼센트는 살아가는 도중에 후각장애를 얻는다. 선천성 후각장애 환자 10명 중 9명이 여성이다. 남성의 경우 선천성 무후각증은 이른바 칼만증후군에서 나타난다. 이 증후군은 프란츠 요제프 칼만(Franz Joseph Kallmann)이 1944년에 처음 기술했고 전통에 따라 그의 이름이 붙여진 질환이다. 간략히 설명하자면 이 증후군은 생식호르몬 생산에 장애가 생기는 병으로, 사춘기에 이런 호르몬이 전혀 생산되지 않거나 또래에 비해 더디게 생산된다. 무후각증은 이로 인해 생기는 증상이다. 칼만증후군은 후각 검사를 통해 조기에 진단할 수 있다.

선천성 무후각증인 여성의 경우 대체로 호르몬과 무관하게 단독으로 나타나는 증상이라 할 수 있다. 당사자들은 정상적으로 성장하고 아이도 가질 수 있다. 보통 선천성 무후각증을 앓는 이들은 아무 냄새도 맡지 못한다는 사실에 매우 유감스러워하지만 대체로 잘 견뎌낸다. 이들을 MRI로 검사해보면 후각망울이 전혀 없다. 이런 사람들은 치료 가능성도 없다.

노화

후각장애를 유발하는 또 다른 원인은 나이다. 세월이 흐르면서 우리의 모든 감각은 성능이 저하되는데, 잘 보지 못하니 안경이 필요하고, 잘 듣지 못하니 보청기가 필요하거나 그렇지 않으면 옆에 있는 사람에게 더 크게 말해달라고 부탁해야 한다. 냄새를 맡는 능력도 예외가 아니어서 우리의 후각은 시간이 지나면서 약해진다. 나도 이미 경험했지만, 40세 무렵부터 나타나는 시력 약화와는 달리, 후각은 70대까지도 비교적 안정적으로 유지된다. 하지만 그때부터 약해지는데, 사람마다 편차가 꽤 크다. 많은 사람이 비교적 나이가 많아도 놀라운 후각을 유지하는 반면, 어떤 사람들은 일찌감치 후각을 잃는다.

이는 나이 들수록 흔히 걸리는 질병, 예를 들어 당뇨, 신부전과 간부전, 또는 신경퇴행성 질환과 연관이 있으며, 이런 질병은 후각을 제한할 수 있다. 실제로 최근 연구에 따르면, 후각에 제약이 생긴 사람들이 정상 후각을 가진 사람들에 비해 사망률이 더 높다고 한다. 이때 제한된 후각이 직접적인 사망 원인인 경우는 흔치 않다. 그러니까 상한 음식을 섭취하거나 새어나오는 가스를 인지하지 못해 사망하는 일처럼 직접적으로 사망으로 이어지는 일은 드물다. 오히려 높은 사망률을 보이는 기저질환 증상 때문에 사망하는 경우가 더 많다.

여자에 비해서는 남자가 더 이른 시기에 후각 기능 감소를 크게 겪을 수 있다. 원인은 아직 모른다. 어쩌면 여성의 생식호르몬이 장기간 보호작용을 하는 것일 수도 있고, 남자들이 살아가면서 해로운 성분에 더 많이 노출되어서일 수도 있다. 또는 우리 문화에서 여자들은 보통 냄새와 더 밀접하게 살아가기에 평생 후각 훈련을 한다고 볼 수도 있다. 그러나 여자들에게도 언젠가 후각 성능이 떨어지는 시기가 온다. 하지만 고령에 나타나는 후각 능력 감소가 생리학적 현상, 다시 말해 모든 사람이 언젠가 겪는 일인지, 아니면 다양한 여러 질병이 합쳐져 나온 결과인지는 아직 모른다.

후각장애와 더불어 사는 삶

우리는 자신의 후각 능력을 잘 알까

후각장애와 관련해 다음 사실도 언급할 가치가 있다. 즉, 우리 모두는 타인의 반응이 없으면 자신의 후각 기능을 스스로 잘 평가하지 못한다. 제네바의 한 연구팀은 이 현상을 자세히 들여다봤고 다수의 건강한 사람과 후각장애를 가진 사람들을 조사했다. 여기서 연구팀은 두 집단만이 자신들의 후각을 정확하게 평가한다는 사실을 알아냈다. 우선 뇌진탕이나 바이러스 질환처럼 한 번의 사건으로 후각에 손상을 입은 사람들이고, 다음은 완전히 후각을 상실한 무후각증 환자들이다.

그 밖의 다른 조사 대상자들(후각을 서서히 잃어가는 사람들, 후각 손상이 없는 사람들)은 자신들의 후각적 예민함을 완전히 잘못 평가하는 경우도 있었다. 다수는 자신들이 슈퍼 코라고 믿었지만, 후각 검사에서 기껏해야 중간 정도 성과를 냈다. 또 일부는 자신들이 평균 정도의 후각 능력을 가졌다고 했으나 탁월한 결과를 보여주었고, 자신들의 후각 능력을 어느 정도 제대로 평가한 이들도 있었다. 그러므로 우리가 자신의 후각에 내리는 평가는 그다지 신뢰할 수 없다. 따라서 후각장애를 치료하는 병원은 환자의 말만 믿지 말고 객관적인 후각 검사를 실시하는 게 중요하다.

후각장애가 생기면 어떻게 될까

후각을 상실한 사람은 다양한 결과와 대면할 수 있다. 하지만 모두가 똑같은 고통을 겪지는 않는다. 삶의 질이 크게 떨어지는 사람도 있지만, 자신의 후각이 비정상임을 지각하지 못하는 사람도 있다. 그러나 모두에게 공통점은 후각이 몸에 보내주는 경고가 사라진다는 사실이다. 이제 다양한 화학물질을 아주 제한적으로만 인식하는 까닭에, 위험한 일이 생길 수 있다. 그런 예가 가스다. 천연가스·액화석유가스 같은 종류의 연료에는 향을 섞는데, 이 과정을 '취기화(臭氣化)'라 한다. 전형적인 유황 냄새를 통해 사람들이 가스 누출을 쉽게 알아차리게 하는 것이다. 하지만 후각을 잃으면, 이런 냄새를 인식하지 못함으로써 잠재적으로 큰 위험에 노출된다. 후각 상실 환자는 특히 천연가스 사용시 주의해야 한다. 연기와 비슷하다. 우리 코는 매우 예민하다. 심지어 화재경보기보다도 훨씬 더 예민하다. 그러나 후각을 상실한 사람은 연기를 직접 보거나 연기로 가득해 눈이 따끔거리거나 누군가 기침할 때에야 비로소 연기를 감지할 수 있다. 이때는 이미 늦다. 후각에 장애가 있고 화재 위험이 있는 곳이라면 반드시 화재경보기를 설치해야 하며, 규칙적으로 배터리를 확인해야 한다.

또 다른 위험원은 음식물이다. 우리는 보통 음식물이 상했는지 여부를 매우 빨리 냄새로 구별한다. 그런데 후각을 상실한 사람은 이러한 경고를 인지하지 못하기에 식품에 들어 있는 독성물질을 섭취할 위험이 있다. 하지만 다른 사람에게 부탁해 식품에서 냄새가 나는지 물어봐도 된다. 우리는 식품의 유효기간을 확인해야 하며 특히 여름에는 냉장 상태에서 보관하도록 주의해야 한다. 의심스럽다면 버리는 것이 확실한 방법이다.

후각은 위험을 경고할 뿐 아니라 삶의 질에도 기여한다. 크리스마스를 생각하면 이 시기의 전형적인 냄새가 코안으로 들어오고, 봄을 생각해도 해변으로 휴가를 가고 싶은 그리움을 느낀다. 우리의 배우자와 아이들은 그들만의 냄새를 갖고 있다. 그런데 우리가 이 모든 것에서 더 이상 냄새를 맡지 못한다면 매우 괴로울 수 있다. 후각장애를 안고 살아가는 많은 사람이 이러한 즐거움을 누리지 못하고 포기해야 할 때 얼마나 힘든지 토로하며, 그 가운데 소수는 우울증까지 앓는다.

또 다른 문제는 개인 위생에 있다. 땀 냄새가 나는지 옷에서 상쾌한 향이 나는지 알지 못하면 두 가지 부정적 결과가 생긴다. 우선 자신에게 냄새가 나는지 모르는 경우이다. 후각장애가 있는 당사자에게 냄새가 난다고 알리는 일은 타인들에게 너무 어렵고, 그래서 결국 당사자는 외롭게 지내야 할지 모른다. 이는 그저 아무도 곁에 있으려 하지 않을 것이기 때문이다. 또한 완전히 반대 경우도 있다. 자신에게 냄새가 나는지 알지 못하는 사람은 냄새가 날 수 있다는 두려움이 너무 커서, 그야말로 공포감으로까지 이어져 역시 사람들 앞에 나서지 않을 수 있다. 여러 연구에 따르면, 후각장애가 있는 사람들은 정상적인 후각 능력을 가진 사람들에 비해 평균적으로 사회적(또한 성적) 접촉이 적다. 그러므로 후각을 상실한 사실을 솔직하게 말하고, 어떻게 해야 할지 의논하는 게 중요하다.

후각장애인 경우 어떻게 해야 할까

후각장애 치료법은 다양하지 않다. 우선 의사는 기저질환을 알아내고 치료가 가능한지 알아볼 수 있다. 앞에서 살펴보았듯, 만성 비부비동염일 때의 후각장애가 그런 경우에 속하지만, 단기간만 도움이 되는 경우가 많다. 그간 다양한 형태의 후각장애를 치료하기 위해 수많은 치료법이 사용되었다. 그중에는 비타민이나 아연 약제도 있었으나, 이런 치료법은 이중맹검법(double-blind study: 실험자와 피험자 모두에게 약제의 효과에 대한 정보를 알리지 않고 약제를 시험하는 방법—옮긴이)을 써보니 플라세보(placebo: 실제 약효는 없으나 약물의 효과를 시험하기 위해 비교 용도로 사용하는 속임약—옮긴이)보다 더 우수한 결과가 나오지 않았다. 현재 효과적으로 보이는 유일한 후각장애 치료법은 후각 훈련이다. 이때 후각은 스스로 되살아날 수 있다는 사실을 감안해야 한다. 그렇기에 의사는 환자에게 우선 이 방법을 추천한다. 후각점막에 있는 후각세포는 성인의 경우 6주에서 6개월마다 재생된다. 그러므로 후각은 그야말로 갑자기 되살아날 수 있다.

회복 가능성은 세 가지 주요 요소에 달려 있다. 우선 후각장애의 원인이다. 만일 심각한 뇌 부상으로 후각을 잃었고, 후각세포와 이어지는 전두개와의 흉터조직이 손상을 입었다면, 회복은 불가능하다. 반면 기도 상부의 바이러스 감염으로 인해 후각장애가 생긴 경우 스스로 회복되는 일이 자주 발생한다. 두 번째 요소는 당사자의 나이다. 젊은 사람은 나이 든 사람에 비해 훨씬 회복이 잘 되며, 이는 후각에도 해당한다. 20세 젊은이는 같은 원인으로 후각을 상실하더라도 60세 노인에 비해 스스로 회복되는 경우가 더 많다. 물론 여기서 젊은 사람은 두개골-뇌 외상으로 후각을 잃는 경우가 많다는 사실을 고려해야 한다. 이럴 때는 회복 가능성도 확연히 떨어진다. 세 번째 요소는 후각을 잃은 뒤 흘러간 시간이다. 후각을 상실하고 며칠이나 몇 주 안에는 회복 가능성이 상대적으로 높지만, 수년이 지났다면 회복할 가능성이 매우 낮다. 물론 나는 감기에 걸린 뒤 8년 동안 거의 아무 냄새도 인식하지 못하다가 갑자기 후각이 좋아진 여성 환자를 알고 있기는 하다.

후각의 자가치유력은 비교적 높은 편이다. 인간의 경우 신경세포의 재생은 상당히 이례적이며, 후각점막은 신경계에서도 완전히 예외에 속한다. 이와 관련해 줄기세포에서 재생된 점막의 신경세포들이 어떻게 중추신경계와 연결되는지는 아직 연구가 이루어지지 않았다. 그러나 몇 달간 이어지는 후각 훈련은 스스로 후각을 회복할 수 있게 돕는 듯하다.

후각 상실이 심각한 기저질환의 증상인 경우는 흔치 않다. 그렇더라도 전문의에게 검사를 받아보는 것이 좋다. 가정의학과 의사는 보통 이런 환자를 증상에 따라 이비인후과 의사나 신경과 전문의에게 보낸다. 독일어권에는 외래환자 전문병원도 있으며, 드레스덴과 빈, 바젤에서는 이비인후과 의사, 신경과 전문의, 심리학자, 영양사 등 전문가들이 후각장애 환자들을 돕기 위해 협업하고 있다.

일상 속 제안

여러분은 후각에 문제가 있는가? 가족이나 친구들에 비해 냄새를 잘 맡지 못하는가? 아무 냄새도 맡지 못하거나 잘 맡지 못하는가? 가끔 냄새를 틀리게 맡을 때가 있는가? 전에 늘 그랬는가 아니면 특정 시점부터 그랬는가? 그렇게 된 어떤 사건이나 사고, 질병이 있었는가? 만일 여러분이 전문의에게 가면, 이런 질문들에 답해야 한다. 모든 사람에게 효과가 있지는 않지만, 후각 훈련은 특정 환자뿐 아니라 건강한 사람의 후각 능력을 향상시킬 수 있다. 집에 있는 4~6가지 향을 6주 이상, 하루에 두 번 맡아보자. 그런 다음 후각이 향상되는지 관찰해보라.

12

파킨슨병과 알츠하이머병

후각으로 우리 미래를 예측할 수 있을까

> **이 장에서 알아볼 내용**
>
> 알츠하이머병과 파킨슨병은 대개 후각장애를 동반한다.
>
> 후각장애는 진단받기 한참 전부터 이미 존재했다.
>
> 앞으로 조기 진단을 위해 후각 검사를 도입할 수 있다.

나는 대학에서 공부하는 동안 다른 많은 대학생처럼 경제적으로 매우 쪼들렸다. 그래서 스위스에 살던 나의 할머니가 아름다운 루체른에서 두 번의 여름방학 동안 일할 수 있는 아르바이트 자리를 구해주었다. 한 번은 슈퍼마켓 계산대에서 일했고 다음 여름에는 양로원에서 간호보조 업무를 맡았다. 무엇보다 양로원에서 간호보조원으로 일한 게 이후에도 오랫동안 기억에 남았다. 그곳에 있던 대부분의 노인은 다양한 형태의 치매를 앓았다. 주간조는 아침 7시부터 일을 시작했는데, 이 시간대는 나 같은 젊은 대학생에게 거의 한밤중과 마찬가지였다. 오전에 해야 할 첫 번째 과제는 노인들을 깨우고 씻기는 일이었다. 나는 매일 아침 같은 사람들과 접촉했고 그래서 치매가 무엇인지 직접적으로 배울 수 있었다. 나는 늘 나 자신을 소개해야만 했는데, 양로원 노인들은 나를 매번 알아보지 못했기 때문이다.

나는 특히 매일 돌봤던 나이 든 할머니 한 분을 잘 기억한다. 이 할머니는 양로원에 들어오기 전에 빵집을 했다. 어느 날 나를 소개하기 전에 내가 누구라고 생각하는지 물어보았다. 그러자 할머니는 거침없이 답했다. "그래, 실습생이지!" 그러면 나는 그에게, 빵을 배우러 온 실습생이 아니라 양로원에서 간호보조원으로 일하는 요하네스라고 설명했다. 그런 다음 바로 내 설명을 이해했는지 물었고, 할머니는 이렇게 대답했다. "그럼, 너는 요하네스이고, 간호보조원이야." 나는 10분 뒤에 같은 질문을 했고, 그는 이제 확신에 차서 내가 빵집에 일을 배우러 온 실습생이라고 답했다. 치매는 분명 그의 기억력을 손상시켰지만, 모든 형태의 기억력을 동일하게 훼손한 것은 아니었다. 할머니는 몇 분 안에는 내 이름과 역할을 기억해냈기에, 단기기억은 비교적 손상을 덜 입은 듯했다. 그러나 이 정보는 장기기억으로 전달되지 않았고, 그렇기에 5~10분 뒤에는 내 이름을 잊어버렸다. 나는 당시에 알츠하이머병과 치매에 대해 잘 알지 못했고 단기기억과 장기기억이라는 개념도 많은 도움이 되지는 않았다. 하지만 내가 매일 관찰할 수 있었던 현상들은 지극히 흥미로웠다.

내가 현재 연구하는 분야에서 이 같은 신경퇴행성 질환은 매우 중요하다. 이제 후각이 이런 질환과 어떤 관련이 있는지 살펴볼 것이다. 후각 연구는 장차 이런 질병을 진단하고 효과적인 치료법을 찾을 때 중요한 역할을 할 수 있다.

알츠하이머병과 파킨슨병: 개관

알츠하이머병은 가장 중요한 신경퇴행성 질환이다. 65세인 사람 가운데 대략 2퍼센트가 이 병의 징후를 보인다. 85세를 기준으로 하면 20퍼센트로 높아진다. 이 병은 인지 능력이 점점 떨어지면서 드러난다. 시간이 흐르면서 당사자는 일상 활동을 할 수 있는 능력을 상실하고, 태도가 바뀌며, 그러다 우울증을 앓고 다른 많은 일을 겪게 된다. 알츠하이머병의 전형적인 증상이 바로 치매지만, 모든 치매 환자가 알츠하이머병은 아니다. 치매의 다른 형태도 있다는 말이다. 물론 치매 환자의 대략 60퍼센트가 알츠하이머병 때문이다.

우리는 아직 이 병이 생기는 원인을 모른다. 하지만 연구자들은 배열이 바뀐 특정 단백질이 신경세포에 쌓여 있다는 사실을 관찰했다. 이렇게 계속 쌓이면 시간이 지나 신경세포가 죽고 만다. 게다가 배열이 바뀐 특정 단백질이 축적된 신경세포들은 다른 신경세포들을 '감염'시킬 수 있는데, 변형된 단백질이 다른 신경세포들로 번져 나가고 그리하여 이 신경세포들도 죽어버린다. 신경세포가 퇴화해 죽는 까닭에 알츠하이머병을 신경퇴행성 질환이라 부른다. 우리 뇌에는 수십억 개의 신경세포가 있으며 일부는 '비축용'으로 보관하지만, 질병이 진행되면서 너무나 많은 뉴런이 죽어버리는 탓에 최초의 증상이 인지 능력 저하라는 사실을 알아차릴 수 있다. 당사자들은 잘 잊어버리며(그런데 이 현상은 나이 들면 흔히 나타난다), 물론 나이에 따라 잊어버리는 정상적 수준을 훨씬 넘어선다. 시간이 가면서 증상이 심해지고 몇 년 지나면 더욱 심각해져 결국 치매가 된다.

원인이 되는 단백질 변형을 치료하지 못하는 까닭에 오늘날에도 이 질병을 치료할 방법이 없다. 알츠하이머병 환자가 사망한 뒤 그 뇌를 살펴보면, 뇌 용량이 눈에 띄게 줄어든 것을 확인할 수 있는데, 신경세포들이 지속적으로 퇴화한 결과다. 구불구불한 뇌이랑은 더 얇아 보이며, 뇌척수액을 포함하는 뇌실은 많이 확장돼 있다. 장기 기억을 담당하는 뇌 영역이 최초로 그리고 가장 심하게 손상되는 까닭에 망각이 일어난다.

또 다른 신경퇴행성 질환은 파킨슨병으로, 60세 이상 인구의 대략 1퍼센트를 차지한다. 이 병의 경우에도 하자가 있는 단백질이 신경세포에 축적되며, 병의 정확한 원인을 알지 못한다. 하지만 파킨슨병은 알츠하이머병과는 다른 단백질에서 오류가 나는 것이며, 그리하여 이 병은 다른 뇌세포를 공격한다. 알츠하이머병처럼 인지 능력에 제동이 걸리는 대신 파킨슨병은 전형적으로 운동장애를 일으킨다. 몸을 떨고 잘 움직이지 못하며, 근육 경직과 안면근육 마비가 일어난다. 이는 운동을 담당하는 뇌의 특정 세포들에서 퇴행이 진행되기 때문이다.

이 신경세포들은 신경전달물질인 도파민을 가지고 있는데, 이 전달물질이 충분히 생산되지 않는 것이다. 그래서 환자들에게 혈액뇌장벽(Blood-Brain-Barrier)에 침투할 수 있는 도파민 전구체를 주입함으로써, 뇌의 도파민 수치를 올려주고 증상을 완화할 수 있다. 이 치료법은 효과가 좋다. 하지만 기저질환을 치료하지 못하면 언젠가는 소용없게 된다. 퇴행은 계속되고 막바지에는 파킨슨병 환자의 기억 중추가 퇴행한다. 그리하여 치매로 이어지는 것이다.

알츠하이머병과 파킨슨병은 몇 가지 공통점이 있다. 우선 불완전한 단백질이 누적되어 건강한 신경세포들이 죽고 병든 신경세포가 계속해서 다른 신경세포로 퍼져나간다. 두 번째 공통점은 병의 원인을 알 수 없고 치료할 수 없다는 점이다. 또한 이 두 질병은 비교적 늦게 진단이 이루어진다. 신경퇴행이 꽤 진행되어야만 증상이 나타나기 때문이다. 그래서 진단할 때 해당 환자의 신경세포 대부분은 이미 죽은 상태다. 바로 이런 점도 이 질병의 치료를 어렵게 한다. 사람의 경우 새로운 신경세포는 만들어지지 않기 때문이다.

만일 병을 일찌감치 알아차릴 수 있다면, 적어도 병의 진행을 막을 가능성은 있다. 그러려면 MRI 검사로 전형적인 초기 징후를 발견해야 한다. 파킨슨병의 경우 환자들은 흔히 변비와 불면증에 시달리며, 알츠하이머병의 경우 당사자는 자신이 깜박깜박하는 사실을 잘 안다. 그러나 이런 초기 징후를 특별히 눈여겨보기 어려운데, 건강해도 나이 든 사람들에게서 흔히 나타나는 현상이기 때문이다. 따라서 그런 징후는 조기 발견 도구로서는 별 도움이 안 된다.

알츠하이머병과 파킨슨병의 후각장애

이 두 질병에는 물론 공통적으로 볼 수 있는 분명한 초기 징후가 있는데, 바로 후각 상실이다. 파킨슨병과 알츠하이머병 환자 가운데 90퍼센트 이상이 바로 후각에 문제가 있다. 여러 연구팀이 이에 관한 조사와 실험을 했고 몇 년 전에 우리는 그 연구결과를 얻어 메타분석을 해보았다. 이를 위해 그간 발표된 많은 연구 자료를 함께 넣어 평가했다. 이렇게 하면 연구 사례가 늘어나 더 정확한 결과를 끌어낼 수 있다는 장점이 있다. 우리는 80개의 연구 자료와 총 4000명이 넘는 환자를 메타분석으로 조사할 수 있었다.

우리는 파킨슨병뿐 아니라 알츠하이머병도 상당한 후각 손상을 초래할 수 있다는 사실을 확인했다. 나이가 들면서 자연히 후각 능력이 감소하는 정도에 비해 훨씬 심각한 수준이었다. 이 조사에서 흥미로운 점은, 후각 상실이 두 질병의 전형적인 증상들에 비해 더 일찍 나타난다는 사실이다. 파킨슨병과 알츠하이머병 환자들은 진단을 받기 십 년 전 또는 그 이전부터 후각 상실을 겪었다고 보고했다. 하지만 특별히 의미를 두지 않았다는 것이다. 그러나 앞으로는 이런 후각 상실이 매우 중요해질 수 있다.

조기 발견의 가능성

후각 상실은 더 쉽게 그리고 무엇보다 더 일찍 병을 진단할 수 있게 해주는 초기 징후일 수 있다. 신경퇴행성 질환을 일찌감치 진단한다면, 향후 병의 진행을 늦추거나 심지어 진행을 막을 수 있는 치료법이 개발될 수도 있다.

물론 후각 검진을 하러 가기까지 몇 가지 장애물을 극복해야 한다. 만일 후각 문제가 다른 초기 징후들에 비해 너무 일찍 나타난다면, 상대적으로 부정확할 수 있다. 이는 환자들이 다른 많은 기저질환 때문에, 그러니까 신경퇴행성 질환과 아무 상관이 없는 기저질환으로 인해 후각을 상실할 수 있다는 의미다. 게다가 나이가 많이 들수록 당연히 후각 능력은 줄어들 수밖에 없다. 그래서 후각장애를 앓는 사람은 나중에 파킨슨병이나 알츠하이머병을 앓게 될 수도 있다는 사실이 매우 중요하다. 이때 무엇보다 후각장애로 인해 나중에 그런 병을 앓게 된다는 말이 아님을 강조해야 한다. 따라서 어떤 사람이 집 먼지 알레르기 때문에 코가 계속 막혀 있고 그래서 아무 냄새도 맡지 못한다 해도, 그가 나중에 치매에 걸릴지 말지는 전혀 알수 없다. 후각 상실을 유발한 다른 원인을 모두 제외하는 것이 중요하다.

나는 드레스덴 대학병원에서 몇 년 동안 연구원으로 일했는데, 이 병원에서 한 가지 연구를 진행했다. 지역 전문병원인 이곳에는 매주 열두어 명의 새로운 환자가 후각장애로 방문했다. 연구를 위해 우리는 후각장애가 일어난 명백한 원인이 있는 환자들은 제외했다. 그래서 뇌진탕을 겪었거나, 만성 코점막 염증을 앓고 있거나 심각한 바이러스 감염 후 후각을 상실한 환자들은 연구에 참여할 수 없었다. 연구에 참여한 다른 모든 환자는 신경과 전문의로부터 파킨슨병 증상이 있는지 조사받았다. 여기서는 어떤 환자도 무후각증이 나타나지 않았다. 그래서 우리는 두 차례 뇌를 스캔했는데, 이 촬영 과정을 통해 한 파킨슨병 환자한테서 관찰했던 뇌간 기능의 변화를 확인할 수 있었다. 결과는 참으로 희망적이었다. 그 어떤 환자도 파킨슨병의 의학적 증상을 보이지 않았지만, 우리는 환자 중 3분의 1의 뇌간에서 신경퇴행 징후를 발견했다. 바로 병의 초기 징후라고 판단할 수 있는 증거였다. 물론 이 테스트는 충분히 무르익지 않았는데, 환자 중 3분의 2가 뇌 스캔상 정상이었고, 이상 증상이 나온 모든 환자가 나중에 정말 파킨슨병 진단을 받지는 않았기 때문이다.

뇌 스캔을 통한 후각 검사는 오늘날 많이 쓰이지만 정확하지 않고 환자들을 매우 불안하게 만든다. 따라서 신경퇴행성 질환에 특화된 후각 검사를 개발할 필요가 있다. 우리는 메타분석으로 이러한 점을 좀더 상세히 조사했다. 그리하여 파킨슨병과 알츠하이머병이 동일한 방식으로 후각을 잃지 않는다는 사실을 증명할 수 있었다. 파킨슨병은 다양한 후각적 과제, 그러니까 냄새 구분, 냄새 인지, 냄새를 인지할 수 있는 최저치 농도, 냄새 기억과 관련해 대략 동시에 문제가 생겼다. 이와 달리 알츠하이머병은 무엇보다 기억을 담당하는, 냄새를 인지하고 기억하는 후각 과제에 문제가 생겼다. 이제 우리가 원하는 방향으로 첫 걸음을 내디딘 셈이다.

트루아리비에르에 있는 내 실험실에서 우리는 이 문제를 더 자세히 추적하고 싶었고, 파킨슨병 환자와 다른 원인으로 후각장애가 생긴 환자를 구분할 수 있는지 조사했다. 정상적인 후각 검사를 통해서는 아무 결과도 얻지 못했다. 두 그룹은 건강한 비교군과 비교할 때와 달리 분명한 구분이 어려웠다. 두 그룹 사이에 차이를 발견할 수 없었다. 그리하여 우리는 3차신경계라는 우회로를 거치기로 했다. 앞서 7장에서 살펴보았던 세 번째 화학적 감각의 도움으로 우리는 고춧가루의 매운맛이나 박하의 신선함을 감지할 수 있다. 이 감각은 원래 후각과는 아무 상관이 없는데도, 우리는 초기 연구에서 후각장애를 가진 사람들은 이 3차신경계 기능도 감퇴한다는 사실을 알아냈다. 즉, 3차신경계에 손상을 입은 사람은 음식을 덜 맵다고 느끼며 유칼립투스도 덜 서늘하다고 느낀다. 우리는 이 같은 감각을 파킨슨병 환자들에게서도 검사해봤고, 그들이 그런 손상을 입었다는 증거를 발견하지 못했다. 그리하여 우리는 파킨슨병 환자들을 다른 원인으로 후각장애를 앓는 환자들과 구분할 수 있는 검사법을 발견했다. 이것은 우리가 원하는 방향으로 나아가는 두 번째 걸음일 수 있다.

하지만 우리는 알츠하이머병과 파킨슨병을 후각 검사를 통해 초기에 발견하고 무엇보다 다른 형태의 후각장애와 구분하는 수준에 이르지는 못했다. 어쩌면 미래에는 이 후각 검사를 다른 검사법, 그러니까 변비, 불면증, 기억력 약화 및 여타 불특정한 초기 징후들을 파악할 수 있는 검사와 결합할 것이다. 그렇게 되면 우리는 이 병들을 조기에 발견해 치료할 수 있을 것이다.

신경퇴행성 질환의 원인임을 암시해주는 후각장애

이 같은 맥락에서 두 번째로 중요한 점은 후각장애가 두 병의 원인을 가리키는 지표일 수 있다는 것이다. 이 두 병의 특징은 변형된 단백질의 누적이며, 알츠하이머병은 베타아밀로이드(Beta-Amyloid) 단백질, 파킨슨병은 알파시누클레인(Alpha-Synuclein) 단백질에 이상이 생긴다. 이런 단백질은 모든 인간의 뇌에 존재하지만, 두 병에 걸린 환자들은 이런 단백질이 변형되어 축적된다. 그 결과 변형된 단백질이 신경세포에서 늘어나고, 그런 다음 신경세포가 서서히 사멸한다. 파킨슨병 환자의 뇌에서는 이른바 루이소체(Lewy body)가 발견되며, 알츠하이머병 환자의 뇌에서는 노인성 반점(senile plaque)이 발견된다. 이 둘은 바로 변형된 단백질이 축적된 결과다. 이렇듯 두 병의 발생 메커니즘은 분명하지만, 예나 지금이나 왜 많은 사람에게서 이 같은 잘못된 단백질이 발견되고 증식하는지는 아직 밝혀지지 않았다.

독일 해부학자 하이코 브라크(Heiko Braak)는 파킨슨병에 관해 주목할 만한 연구를 했다. 그는 동료들과 함께 죽은 사람의 뇌에서 특정 부위에서만 규칙적으로 나타나는 루이소체를 관찰했다. 병원에서 파킨슨병 증상을 확인했든 (아직) 그러지 못했든 거의 모든 환자의 숨뇌(medulla oblongata, 연수)에 있는 미주신경의 핵심 영역에서, 그리고 후각망울에서 루이소체를 발견했다. 미주신경은 열 번째 뇌신경으로 (무의식적으로) 우리 내장을 관할하며, 후각망울은 후각기관이 작업하는 일종의 정류장이라 할 수 있다.

어떤 환자들의 뇌에서는 루이소체가 상부 뇌간과 흑질(substantia nigra)에 있었다. 이런 환자들은 살아 있는 동안 파킨슨병 증상을 보였다. 부차적으로 이들의 숨뇌와 후각망울에는 훨씬 많은 루이소체가 있었다. 뇌의 작은 영역들에서도 루이소체가 발견되었다. 이런 환자들은 치매를 동반한 파킨스병 말기였다.

이는 파킨슨 병의 임상 증상을 설명해준다. 즉, 미주신경은 대장을 관할하며 후각망울은 후각적 자극을 처리하는 곳이다. 파킨슨병의 두 가지 초기 증상이 바로 후각장애와 변비다. 이 병이 많이 진행된 시점에서 전형적으로 볼 수 있는 떨림 현상은 바로 흑질의 퇴행 때문으로 볼 수 있다. 뇌간은 잠자고 깨어나는 리듬을 통제하며, 이는 환자의 수면 문제를 설명해준다. 이 병의 마지막 단계에서 환자는 치매를 앓는데, 바로 신경퇴행이 널리 퍼진 결과다.

브라크의 연구는 임상적 발견과 해부학적 발견이 분명 중첩됨을 보여준다. 파킨슨병의 유발인자는 미주신경과 후각망울에서 시작해 흑질과 뇌간을 거쳐 뇌 전체로 퍼져가는 듯하며, 신경세포들의 사멸로 증상이 발현한다.

하지만 병의 유발인자는 무엇일까? 그리고 이 인자는 어떻게 미주신경과 후각망울에 갈 수 있을까? 여태까지 알려지지 않은 이 유발인자는 대장이나 후각점막을 통해 또는 양쪽 모두를 통해 중추신경계에 도달한다는 증거가 늘어나고 있다. 그러니까 맨 먼저 미주신경과 후각망울에서 출발해 다른 곳으로 퍼져나가는 것이다. 이 유발인자의 특징이 무엇인지 아직은 모르지만, 몇 년 뒤에는 답을 찾으리라고 나는 확신한다.

알츠하이머병은 더 복잡하다. 단백질 누적의 원인을 설명하려는 많은 가설이 있었다. 그러나 이 병도 파킨슨병처럼 일찌감치 후각기관 구조가 피해를 입어 후각 기능이 손상된다. 손상 부위는 파킨슨병과 달리, 후각 정보를 처리하고 새로운 기억 생성을 담당하는 상위 중추다. 나중에는 뇌의 다른 부위들도 피해를 입고 그러다 뇌 성분을 점차 상실해 결국 치매에 이른다.

우리는 지난 몇 년 동안 신경퇴행성 질환을 이해하는 데 상당한 진전을 이뤄냈다. 파킨슨병뿐 아니라 알츠하이머병의 경우에도 후각 상실은 '조기 경고 증상'으로 볼 수 있는 잠재력이 있다. 따라서 후각 상실은 신경퇴행성 질환을 조기에 발견하는 데 기여할 뿐 아니라, 어떻게 이런 질병이 생기는지 이해하는 데도 도움이 된다.

일상 속 제안

초기 치매의 비특이성 증상

여러분은 최근에 자신이 덜렁거리고 산만하다고 느끼는가? 혹시 어디에 가려고 했는데 그곳이 어디였는지 계속 잊어버리는가? 마트나 익숙하지 않은 장소에서 길을 찾으려고 애써야 하는가? 서류를 작성해야 할 때 집중하기 어려운가? 신문에서 비교적 장황한 기사를 읽다가 끝나갈 즈음엔 처음 내용이 생각나지 않는가? 텔레비전 뉴스를 잘 따라가기 힘든가? 비교적 긴 문장을 문법적으로 정확하게 끝까지 완성하기 어려운가? 일상 사물(예를 들어 연필이나 국수)을 가리키는 단어가 떠오르지 않는가? 여러분은 활력을 많이 잃어버렸는가? 냄새를 잘 느끼지 못하는가, 아니면 전혀 느끼지 못하는가?

초기 파킨슨병의 비특이성 증상

걷기와 글쓰기 같은 유연한 활동이 점점 힘들어지는가? 핸드폰 사용이나 단추 잠그기처럼 세밀한 동작에 어려움이 있는가? 사지가 마비된 것같이 느껴지는가? 손을 가만히 두면 한쪽 또는 양쪽 모두 떨고 있는가? 불면증이 있는가? 당신이 자면서 너무 몸부림을 많이 친다고 배우자가 불평하는가? 공격적인 꿈을 꾸는가? 그래서 고함을 지르고 폭력적인 행동을 하는가? 변비로 고생하고 있는가? 냄새를 잘 맡지 못하거나 전혀 맡지 못하는가?

앞의 증상들 가운데 몇 가지가 나타난다면 반드시 전문의를 찾아가 증상을 알리도록 하라.

13

코로나19와 냄새

바이러스로 인한 후각의 재발견

이 장에서 알아볼 내용

코로나 바이러스는 어떻게 세포체를 덮치는가.

코로나 바이러스는 어떻게 후각을 손상시키는가.

코로나19 이후 어떻게 훈련으로 후각을 강화할 수 있는가.

파도가 밀려온다

내가 중국에서부터 퍼졌다는 새롭고 비밀스러운 바이러스 질환에 대해 처음 들은 때가 2019년 12월이었는지 2020년 1월이었는지 잘 기억나지 않는다. 그전에도 사스나 메르스, 돼지 인플루엔자, 조류

인플루엔자, 에볼라나 지카 같은 바이러스 질환에 대한 뉴스는 늘 있었다. 나는 뉴스를 통해 늘 들어왔기에, 우리 사회가 세계적 유행병(팬데믹)에 제대로 준비되어 있지 않다는 사실을 알고 있었다. 하지만 그렇다고 해서 걱정은 하지 않았다. 이전에 바이러스 질환에 개인적으로 걸려본 적이 없었기 때문이다.

우한이라는 도시에 대해서도 나는 처음 들은 게 아니었다. 대학식당에서 자주 점심을 함께하는 동료들 가운데 한 명이 우한 대학교와 긴밀히 협업하던 상황이어서 그곳 현장에 관해 내부자 정보 몇 가지를 전해주었던 까닭이다. 그곳에 대한 정보들이 걱정스럽기도 했지만, 처음에는 그리 불안하지 않았다. 그러나 이탈리아 북부에서 집단 감염 소식이 처음 전해졌을 때 사태는 바뀌었다. 내 부모님은 그곳 롬바르디아주에서 멀지 않은 곳에 살았고, 그래서 나는 주의 깊게 뉴스를 들었다. 지방정부가 개별 마을을 고립시켰다는 소식에 얼마나 놀랐는지 기억하며, 이때부터 위험을 훨씬 더 심각하게 받아들이기 시작했다.

그런데도 나는 아내와 함께 2월 말에 강연을 위해 유럽으로 떠났는데, 이 여행이 한동안 마지막 해외여행이 될 줄은 몰랐다. 원래는 남티롤에 사는 내 부모님을 방문할 계획이었지만, 여행 제한으로 인해 우리는 빈에서 만나야 했다. 호텔은 텅 비어 있었고 여직원 한 명이 말해주기를, 이전과 달리 아시아에서 온 여행객이 한 명도 없다는 것이었다. 그러자 공포가 현실이 될 수도 있겠다는 느낌이 슬금슬금 올라왔다. 갑자기 잇달아 소식이 터져나왔다. 이탈리아 북부에 봉쇄 조치가 내려졌고, 오스트리아는 이탈리아와의 국경을 폐쇄했으며, 부모님은 겨우 집으로 돌아갈 수 있었다. 오스트리아와 캐나다 간 비행노선도 중단되었지만, 우리는 운 좋게 마지막 직항 비행기에 탑승할 수 있었다.

퀘벡에 돌아오니 대중은 아직 위험성과 긴급 조치의 절박함을 깨닫지 못하고 있었다. 내가 집에서 자가격리를 해야 할지 대학에 문의했을 때, 대학 당국은 내게 휴가를 원하는지 물었다. 하지만 이틀 뒤에 파도가 우리를 덮쳤고, 며칠 전만 해도 전혀 생각지 못한 일들이 우리 삶에서 일어났다. 대학은 며칠 뒤 문을 닫았고 나는 오랫동안 집에서 일해야 할 상황이었다.

저항력이 생기다

나는 갑자기 다른 수백만 명의 사람들처럼, 그 가운데 수천 명의 연구원도 포함되는데, 집에서 일해야만 했다. 나는 뉴스를 보고 논문을 읽으며 시간을 보냈다. 이때 나는 처음으로 새로운 바이러스가 기침과 열, 호흡곤란을 유발할 뿐 아니라, 더 이상 냄새를 맡을 수 없는 증상을 호소하는 감염자가 늘어나고 있다는 소식을 들었다. 11장에서 살펴봤듯 바이러스 감염이 후각장애와 연관 있다는 사실은 잘 알았지만, 환자군이 역사에 남을 만큼 엄청나게 확대되었다.

구글 검색은 모든 사용자에게 다양한 검색어의 대중성과 트렌드를 다양한 시기와 국가별로 비교할 수 있게 해준다. 나는 집에 있는 동안, 처음 코로나19에 걸린 사람들이 얼마나 자주 후각장애를 구글로 검색했는지 조사했고, 그 결과 이탈리아·스페인·프랑스에서는 후각 상실의 원인을 두고 한창 말들이 많았다. 영국·캐나다·미국은 몇 주 뒤에야 비로소 그런 현상이 나타났다. 나는 구글 검색을 하면서 코로나19로 인해 나타나는 후각장애를 주제로 한 최초의 논문도 읽었다. 통상적으로 후각에 관한 연구는 여유 있게 진행되었지만, 이제는 팬데믹을 퇴치하기 위해 나서는 연구였다. 즉, 모든 게 바빠졌다. 거의 매일 새로운 학술논문이 발표되었지만, 처음에는 사례 보고에 머물렀다. 대부분의 후각 연구자들은 서로 알고 지냈고 떨어져 재택근무를 했지만 동료애가 있었다. 우리는 모두 코로나19의 증상으로 후각장애에 관한 보고는 쌓여가지만, 일관성 있는 전체 그림이 그려지지 않는다는 사실을 관찰했다. 전 세계에 있는 동료들이 정보를 교환하는 가운데, 후각 상실과 코로나19 사이의 연관성을 파악하기 위한 단합된 조치가 필요하다는 점이 점점 더 분명해졌다. 실제로 수많은 사람이 후각장애를 앓았을까, 아니면 단지 코로나 증상에 대한 관심이 높아졌을 뿐일까? 곧이어 우리는 성공적인 연구를 위해서는 조직적인 틀을 갖춰야 함을 깨달았다. 며칠 뒤 전 세계에 있는 수백 명의 후각 연구자들이, 그러니까 유전학자부터 심리학자까지, 화학자부터 전염병학자와 신경학자, 인공지능 전문가까지 화학감각연구 글로벌협력단(Global Consortium for Chemosensory Research)이라는 가상공간에 모였다. 환자 대표들도 처음부터 함께했다. 이 단체는 코로나19와 같은 질병과 후각 및 미각 장애 사이의 연관성을 연구하는 것이 목표였다.

이제 연구에 착수할 때였다. 맨 처음 우리는 학계가 후각에 대해 아는 범위를 고려해 설문지를 만들었다. 이 설문지는 몇 주 뒤 30개 이상의 언어로 번역되어, 영어·독일어·프랑스어·러시아어뿐 아니라 한국어·아랍어·스와힐리어로도 완성되었다. 우리는 다양한 수준의 봉쇄 조치에 갇혀 있던 온갖 나라 국민에게 설문지를 돌렸다. 그러자 우리는 갑자기 홍보까지 해야 했는데, 우리 대부분에게는 완전히 새로운 도전이었다. 하지만 우리 노력이 성공했다. 몇 달 뒤 수만 명에게 응답을 받았고, 이를 통해 감염자들의 후각이 어떻게 잘못되었는지 꽤나 정확히 파악할 수 있었다. 그리하여 우리는 신종 코로나바이러스(SARS-CoV-2)에 감염된 사람들 가운데 대략 60퍼센트가 후각장애를 앓는다는 사실을 알았다. 또한 후각뿐 아니라 미각과 7장에서 살펴본 3차신경계도 코로나19로 손상된다는 사실을 알았다. 그런데 우리 연구의 가장 중요한 결과는, 코 막힘도 없는 갑작스러운 후각 상실이 이 신종 코로나바이러스 감염의 가장 훌륭한 증거라는 사실이다! 별로 특별한 증상이 아니어서 감기와 독감, 다른 바이러스 질환에서도 나타나는 기침이나 열, 호흡곤란보다 훨씬 나은 것이다.

공격당한 후각

물론 우리만 유일하게 연구하지는 않았고, 전 세계의 수많은 연구자가 이 코로나19의 후각장애 양상을 연구했다. 새로운 지식의 발견 속도는 가히 숨 가쁠 지경이었다. 우리 모두 인류가 바이러스에 맞서 어떻게 버티는지, 미지의 적에 대해 어떻게 알아가는지 실시간으로 파악할 수 있었다. 이제 바이러스가 어떻게 몸 안에 스며들었는지도 이해했다. 즉, 하나의 세포를 감염시키기 위해서는 우선 세포와 결합해야 한다. 바이러스는 표면에 가시 같은 돌기를 가지고 있어 이런 결합에 성공할 수 있다. 만일 하나의 세포체가 표면에 특정 단백질, 이른바 ACE-2 단백질을 가지고 있다면, 바이러스는 세포에 붙을 수 있다. 만일 세포에 그런 단백질이 없으면, 이 세포는 바이러스로부터 안전하다. ACE-2 단백질은 몸에서 혈압을 조절하는 중요한 역할을 한다. 두 코로나바이러스 SARS-CoV와 SARS-CoV-2가 이 단백질을 세포와의 결합에 이용하는 것은 진화상의 우연이라 할 수 있다.

인간의 몸에서는 다양한 조직에서 ACE-2 단백질이 발견된다. 한편으로는 혈관인데, 이곳에서는 무엇보다 혈압을 조절하는 작용을 한다. ACE-2가 특정 세포에만 머물러 있었다면, 팬데믹은 결코 발생하지 않았을 텐데, 바이러스는 혈관에 도착하지도 못했을 것이기 때문이다. 다른 한편으로는 유감스럽게도 폐 조직이나 후각상피 같은 다른 조직들에서 이 단백질이 발견되는데, 그렇기에 이 바이러스 질환의 증상이 다양한 사람들에게서 다양한 방식으로 발현되는 것이다. 만일 바이러스가 결합할 수 있는 어느 한 세포를 만나면, 이 세포와 융합한 바이러스는 자신의 유전자 정보를 세포에 보낸다. 그다음 아주 끔찍한 일이 일어난다. 인질극의 희생자처럼 세포는 자신이 실제로 다양한 조직에서 다양하게 수행하던 과제를 이행하지 않고, 그 대신 단 한 가지 일만 한다. 바이러스 공장이 되어, 새로운 바이러스들을 생산해 자기 주변으로 내보내는 것이다. 이렇게 새로 만들어진 바이러스들은 주변 세포들을 감염시키고 거기서 자신의 놀이를 계속 이어간다. 아니면 이 바이러스들은 기침이나 노래, 웃음, 말하기를 통해 밖으로 떨어져 나가 다른 사람들을 감염시킬 수 있다. 한편으로 좀비 세포들이 자신들의 원래 과제를 더 이상 이행하지 않고, 다른 한편으로 면역계가 감염된 세포들과 힘겹게 싸우느라, 해당 조직의 기능은 훼손될 수밖에 없다. 만일 바이러스가 폐 조직에서 발견되면, 공기 교환이 제대로 이루어지지 못하며, 그러면 환자들은 더 이상 공기를 들이마시지 못한다. 바이러스가 혈관세포에서 발견되면, 혈관이 피를 더 이상 잡아두지 못해 출혈이 일어난다. 바이러스가 후각점막에서 발견되면, 점막이 제대로 기능하지 않아 후각을 상실한다.

바이러스가 후각점막에 당도하면, 무슨 일이 일어나는지는 그사이 잘 알게 되었다. 후각점막 표면에는 ACE-2 단백질을 가지고 있는 세포들이 있다. 예상과는 달리 바이러스에 공격당하는 것은 후각 수용체가 아니라 이른바 지원 세포다. 세포 이름이 말해주듯, 지원

세포의 임무는 후각 수용체가 과제를 수행할 때 지원하는 것이다. 하지만 바이러스의 좀비가 된 이 세포들은 더는 그런 임무를 수행할 수 없다. 지원 세포에 의지하는 후각 수용체와 더불어 전체 시스템이 붕괴된다.

코로나19 환자의 대략 60퍼센트가 감염 기간 심각한 후각장애을 겪는다. 대부분은 며칠이나 몇 주 뒤 후각이 돌아온다. 회복되고 나서 처음에는 냄새를 약하게 느낄 수 있지만 얼마 지나면 완전히 정상으로 돌아온다. 그런데 소수의 환자는 후각장애가 계속 이어지기도 한다. 우리는 이런 후각장애가 얼마나 지속될지, 나중에 완전히 또는 부분적으로 회복될지, 아니면 영원히 후각을 잃을 수도 있는지 아직 알지 못한다. 많은 환자의 보고에 따르면, 각자 무후각증 기간이 달랐고 그 이후 냄새를 맡기 시작했으나, 과거에는 좋던 냄새가 갑자기 왜곡되어 불쾌하게 탄내나 곰팡내가 나는 환후각을 앓기도 했다. 물론 환후각은 매우 불편하고 삶의 질을 상당히 떨어뜨린다. 하지만 보통 환후각은 후각이 회복 과정에 있다는 긍정적 신호이기도 하다. 환자가 실제 그런 사례인지는 시간이 말해준다. 또한 후각 훈련이 이런 회복을 도울 수 있고 심지어 후각을 더 향상시키기도 한다. 실제로 여러 연구결과에 따르면, 후각 훈련은 다른 바이러스 감염 후 생긴 후각장애라 해도 코로나19 감염 때와 마찬가지로 후각을 향상시킬 수 있다고 한다.

하지만 아직까지 중요한 연구 공백이 남아 있다. 왜 감염 환자의 대략 10퍼센트는 후각을 신속하게 되찾은 환자들과 달리 다양한 반응을 나타내는가 하는 점이다. 어쩌면 이런 환자들은 후각점막이 더 타격을 받아, 다시 회복하는 데 더 오래 걸리는지 모른다. 또는 후각점막의 줄기세포가 파괴되어, 그로 인해 새로운 후각 수용체가 전혀 만들어지지 못했을 수 있다. 가장 끔찍한 경우는 바이러스가 알 수 없는 경로를 통해 후각 수용체에 침입해 후각 기관을 거쳐 뇌에 도달해 거기에 손상을 입히는 사례다. 이때는 더 이상 고칠 수 없다. 이 영역에 대한 연구는 믿을 수 없을 정도로 신속하게 이루어지고 매일 새로운 발견들이 발표되지만, 현재 환자들의 후각이 장기간에 걸쳐 어떻게 변화할지는 예측할 수 없다. 실제로 뇌 손상이 일어났다면, 특히 항구적인 후각장애를 앓는 환자들의 경우 그 결과를 어쩌면 수십 년 뒤에야 확인할 수도 있다. 그때까지 우리는 환자를 면밀히 관찰해야 한다.

스페인독감에서 배우기

1920년대에 유럽에서는 이른바 유럽 수면병이라는 전염병이 발생했다. 이 질병은 기면성 뇌염(encephalitis lethargica)이라고도 불렸는데, 뇌의 염증이 기저에 깔려 있기 때문이다. 환자들은 목 통증과 두통처럼 특별하지 않은 증상을 앓았고 무기력 상태에 빠졌다. 많은 환자가 식사할 때나 일할 때도 잠을 잤다. 환자들 가운데 3분의 1이 사망했고, 나머지는 대부분 빠르게 회복했다. 하지만 이 질병은 장기간 영향을 미쳤는데, 파킨슨병과 비슷한 많은 신경계 증상이 수십 년 뒤에 나타나기도 했다. 이 질병의 원인은 밝혀지지 않았지만, 스페인독감이라는 유행병과 시기적으로 겹쳐, 인플루엔자 바이러스가 관련 있지 않을까 추정한다.

시간이 지나면 코로나바이러스도 환자들의 건강에 장기적으로 어떤 영향을 주는지 드러날 것이다. 어쩌면 우리는 백신을 도입해 수년 또는 수십 년 대응해야 할 것이며, 바이러스는 후각신경을 거쳐 뇌에 이르는 길을 발견하고 그곳에 정주할 수도 있다.

일상 속 제안

코로 자유롭게 숨을 쉴 수 있는데도 갑자기 냄새를 맡을 수 없다면, 이는 SARS-CoV-2 감염으로 나타난 첫 증상 또는 그때까지 유일한 증상일 수 있다. 그러면 여러분은 스스로 격리해야 하고 가능한 빨리 검사를 받아야 한다.

후기

냄새는 어디에나 있고, 늘 우리 주변에 있다. 냄새 안개 또는 향기로운 수증기 같은 형태로 말이다. 호흡할 때마다, 뭔가를 깨물어 먹거나 마실 때마다 냄새와 향의 일부가 후각 수용체로 가서 어떤 흥분이나 반응을 불러일으키고 이것이 우리 뇌로 전파된다. 그러나 우리는 그저 가끔 후각적 인상을 의식할 뿐이다. 특히 향기가 예기치 않게 강하거나 색다를 때다. 대부분은 주변에서 나는 냄새를 무의식적으로 지각한다. 그런데도 냄새는 우리에게 영향을 미친다. 냄새는 감정과 기억을 불러오고, 갑자기 친숙하거나 불편하게 느끼게 하며, 어떤 사람에게 호감을 느끼게도 호감 가지 않게 만들기도 한다. 또한 냄새 때문에 어떤 요리가 좋아지기도 싫어지기도 한다. 그리고 이 모든 것의 이유는 불분명하다.

그런데도 우리가 냄새를 묘사할 때 쓰는 어휘는 매우 한정적이다. 우리는 향기를 '꽃 같은', '과일 같은'처럼 거의 비유나 은유를 통해 묘사한다. 후각을 나타내는 적절한 표현이 거의 없는 탓에, 냄새를 묘사하거나 냄새에 대해 말하는 일은 항상 어렵기만 하다.

하지만 그래서는 안 된다. 와인 소믈리에를 비롯한 냄새 전문가들은, 우리가 훈련을 통해 냄새 알아맞히는 능력을 키울 수 있다는 사실을 분명히 보여준다. 훈련으로 후각을 예민하게 만드는 데 그치지 않고 후각을 향상시킬 수 있으며, 같은 방식으로 우리 뇌도 훈련할 수 있다. 이런 과정이 아름다운 이유는, 이런 훈련을 위해 비싼 돈을 주고 장치를 구입할 필요도 없고, 단지 우리 후각에 좀더 주의를 집중하면 되기 때문이다. 그리고 냄새에 관해 서로 이야기를 많이 나누면 된다.

우리는 끊임없이 냄새를 맡는데도(태어나기 전에도 냄새를 맡고, 심지어 우주에도 냄새가 있다고 한다), 후각이 우리 림프계와 감정세계로 가는 직통 노선인데도, 대부분의 사람은 후각을 오감 중에서 가장 덜 중요하게 여기며, 그래서 오감 가운데 하나를 잃어야만 한다면 후각을 포기할 것이다. 후각장애는 삶의 질을 훼손할 뿐 아니라, 다양한 질병의 최초 증상일 수 있다. 코로나 팬데믹은 이 질환에서 가장 특이하게 나타나는 초기 증상이 바로 후각장애임을 보여주었다. 따라서 후각 능력을 자세히 관찰함으로써 SARS-CoV-2로부터 우리를 지킬 수 있다. 하지만 코로나 팬데믹은 언젠가 끝날 것이고 우리 사회는 또 다른 문제에 직면할 것이다. 대부분의 서구 국가에서 보듯, 고령화 사회가 극복해야 할 핵심 문제는 고령 인구에게서 나타나는 전형적인 질병들이 점점 더 자주 발생한다는 것이다. 알츠하이머병과 파킨슨병 같은 신경퇴행성 질환이 여기에 속한다. 후각장애는 이 두 질병 가운데 하나에서 최초로 나타나는 증상일 수 있다. 어쩌면 우리는 언젠가 후각 검사를 통해 누가 10년 뒤 알츠하이머병이나 파킨슨병을 앓게 될지 알 수 있을 것이다. 그러면 이에 상응하는 치료를 통해 노인들이 높은 삶의 질을 유지한 채 더 오래 살 수 있다.

따라서 후각에 주의를 기울이는 일은 그만한 가치가 있다. 그리고 냄새를 맡을 때 멋진 점은 훈련 과정도 즐겁다는 것이다.

이런 의미에서, 즐겁게 냄새를 맡아보시길!

이 주제에 관해 더 많은 정보를 원하나요?

저자와 연락하고 싶은가요?

의견을 나누고 제안하고 싶은 것이 있다면 이메일로 보내주세요.

leserstimme@styriabooks.at

다음 홈페이지에서 더 많은 영감과 아이디어, 유용한 사례를 발견할 수 있어요.

www.styriabooks.at